ケーススタディで学ぶ

環境管理の基礎知識

大岡 健三 著

日刊工業新聞社

発刊にあたって　―推薦の辞―

環境問題は大気と水質が中心でしたが、1990年代ごろから地球環境問題が登場し、今や気候変動リスクもエネルギーも、廃棄物やリサイクルも、化学物質管理も、何でもかんでも環境と言うようになりました。最近の環境問題はとても複雑で、語ることも問題を解決することも容易ではありません。

さて、産業環境管理協会では国家資格である公害防止管理者の標準テキスト『新・公害防止の技術と法規』を出版し、また、環境管理に日々携わる企業の環境管理担当者向けに、月刊誌『環境管理』を60年にわたり刊行してきました。本書の著者、大岡健三氏はその前編集長であり、多国籍企業AIGの東京本部の部長や水処理をする会社の社長など異色かつ多様な経験を持ち、長年築いた弁護士・有識者・企業経営者等の豊富な人脈を生かし、あちこちに飛び回って取材や調査をこなし、そのパワフルさは今なお健在です。

本書は、月刊『環境管理』の読者アンケートで評判が最も高かった記事を再構成して、一部掲載しています。現場目線で法令や違反事例を解説し、各地の豊富な話題も収録し、企業の環境管理担当者に役立つ実務的な内容となるようにまとめています。筆者はJICA専門家や科研費調査などで海外に何度も派遣され、大学で環境科学や水処理関係などの講座を持っています。それらの知見を生かし、本書では汚水処理技術の基礎なども解説しています。

地球環境問題から廃棄物管理、汚水処理まで。法令から技術まで。理論から具体例まで。まさに筆者の幅広い経験が生み出した本です。法令も、技術も、取材事実をバックに具体的に解説し、平易で読みやすく、スッと頭に入って来るような本―それこそが、人に読まれ、学んでもらえるような本ではないでしょうか。

大学生から、企業の実務担当者に至るまで、是非、幅広く読んで欲しいと思います。自信をもって本書をお勧めします。

（一社）産業環境管理協会　人材育成・出版センター　所長
月刊『環境管理』編集長　遠藤　小太郎　（工学博士）

はじめに

本書では、現場で遭遇する環境問題について実際の事例をベースに解説します。脱炭素やカーボンニュートラルに向けた新しいテーマも扱います。各テーマは読み切りスタイルなので好きな箇所から読み始めることもできます。

▶ ケーススタディが中心の構成

第1章では脱炭素や生物多様性がビジネスに活きているケースを、最初に紹介します。法令順守に関する聞きたくない、耳の痛い事例も解説します。

企業アンケートや学生の興味も温暖化がトップなので、第2章では温暖化(気圏)と水圏・地圏・生物圏に関する分かりやすい解説をします。次の第3章では法令の読み方から、主たる法令の特徴を解説し実際の事例を少し詳しく説明します。第4章はカナダの有害化学物質処理施設の取材記事とドイツの部品製造工場の水処理などテクニカルな解説です。

続く第5章ではメディアに頻出する用語、SDGsとGHGなどを解説し、IPCC報告書をやさしく説明します。温暖化の緩和と適応を理解するのがポイントです。第6章では総合判断説と欠格要件という廃棄物管理の重要テーマを扱い、BOD/CODと溶存酸素について興味深い解説をします。その後、筆者も現場で苦しんだ立入検査について述べます。第7章では、環境に関する比較的新しい概念や国際トレンドなどを用語集としてまとめました。

▶ 本書を執筆する契機

平成の時代、2005年頃から大手企業による排出基準違反や排出データの改ざんの事案が続々と判明し、企業の環境管理体制に脆弱さが目立ち始めました。その大半は適用される法令や過去の違反事例を知らないことが不祥事の原因でした。製品の品質検査手抜きと同じような状況が環境管理に潜在していないという保証はありません。これが本書を執筆する契機になりました。

最後に、原稿を査読いただいた中村圭三氏（理学博士）に感謝申し上げます。また、本書の出版に際し多大な助言やサポートをいただいた日刊工業新聞社書籍編集部の土坂裕子氏に謝意を表するとともに、ご支援いただいた編集局の松木喬編集委員に感謝申し上げます。

2023年4月　　大岡　健三

ケーススタディで学ぶ
環境管理の基礎知識

目　次

温暖化と水圏・地圏・生物圏

環境法

有害化学物質と汚水処理技術

SDGsとGHG・IPCC報告を読む

現場で耳にする環境問題と立入検査

知っておくべき環境用語集

環境ビジネスとコンプライアンス

1.1 東京ディズニーリゾートの環境管理

東京ディズニーリゾートの園内は年間を通じて緑が豊かで清潔な環境が維持され、カラスや害虫なども見あたりません。気をつけて観察すると、きめ細かな工夫がなされています。すばらしい夢のある環境に魅了された来訪者（ゲスト）の多くは再び訪問したいという気持ちになり、入園者の９割以上はリピーターだといわれています。その魅力づくりを支援する環境配慮や環境管理について解説したいと思います。

▶ 閉鎖性水域の水管理

テーマパーク内の海や池の水面は絵画のように美しい。これが仮に水の循環や浄化がない閉鎖性水域ならどうだろう。例えば、お風呂なら数日で腐敗し利用できなくなります。人口の池でも風で運ばれた藻類や埃でプランクトンや藻が発生し、場合によっては赤潮のような現象も生じます。

子供などが園内の池の水に触れたり遊具でしぶきが口に入ったりしても安全なのでしょうか。安全のため、ゲストは水面に触れることはできない設計になっている上に、万が一、誤って飲んだとしても問題のない安全なレベルに維持されています。ろ過装置を設置し、徹底的な水質チェックを経てすべて循環させることで、衛生的に水質を維持しています。水質は水泳プールと同じレベルと聞きました。

▶ 東京ディズニーシーは海の水？

東京ディズニーシーと東京湾は道路で遮られています。園内の水は海水ではなく、淡水です。現実問題として、淡水でないと樹木への散水など水の再利用が困難になり、海水なら設備や機械が腐食するおそれもあります。

海外のテーマパークでも池の水を薄く着色していますが、これはジャングルの池や海のイメージアップのみならず、浅い池の底など水中にある機械設備や配管、レール、コンクリートなどがゲストから見えないようにする目的もあると聞きます。米国では人工池の水を着色して、池の浅さを感じさせない工夫をして、見た目に加え、写真映りをよくするケースがあります。

▶ 園内の水はすべて水道水

テーマパークの池や小川の水は、一般家庭の水道と同じ水道水のみを利用しており、東京湾の汚れた海水や安価な工業用水などは使用していません。塩素滅菌した水道水使用で、次亜塩素酸ソーダの塩素臭は問題になりません。水道水を日光にさらすと半日ぐらいで紫外線によって塩素は分解すると考えられます。雨の日にはオーバーフロー分を調整し、自然蒸発などの失水時には水を継ぎ足して、良好な水質と水量を常に維持しています。

自然に蒸発した分だけ水道水で補給しているため、使用量は地域の水道給水量の数％であり、循環利用で節水しているので意外に少ないようです。このように、水資源の保全はリサイクルによってかなりうまく管理されています。一方、広大な駐車場や通路などの舗装面に降った雨水は、そのまま東京湾に放流され、台風や大雨でも水処理施設に負荷がかかりません。

▶ 水処理施設

廃水の処理はどのようなプロセスなのでしょうか。

活性汚泥法と接触酸化法を組み合わせて、生物膜法なども利用して万全を期していると聞きます。高度処理なので、臭いや着色・濁りが一切ない良好な水処理が可能になっています。基本的に自治体の下水処理と同じような手法ですが、東京ディズニーシーの開園に合わせ処理能力を１万1,000 m^3/dと大きく増強しています。

▶ 余剰の処理水は公共下水道へ

施設内では、水のリサイクルによって使用量削減に取り組んでいます。使用された水は、自社の水処理施設で浄化します。使用する水のうち、リサイクル水が全体の２～３割ほどですが、植生への散水もリサイクル水が使用されます。今後は雨水利用の可能性もあると思われます。

浄化処理された水ですが、**樹木や草花への散水やトイレ浄化水に再利用**しても余剰になる場合はどこへ行くのでしょうか。

法的にも環境負荷的にも問題がないので東京湾へ放流しているのではと想定していたところ、余剰の処理水は公共下水道へ料金を払って流しています。東京ディズニーリゾートは、水環境に関して外部へ環境負荷を一切与えない仕組みになっています。

▶ 常緑樹と植物園なみの植生

きちんと管理されたテーマパーク内で、熱帯性の樹木や植物が真冬でも“魔法”にかかったように青々としています。ジャングルも本物以上に楽しめます（**写真1.1**）。常緑で熱帯性のものと似たような植物の中から、日本の気候にも適合できるものを選んで植えていると聞きました。広い敷地の約1/6にあたる約18ha以上を緑地として確保しています。

そして植物園に匹敵する約2,000種134万本という膨大な数の植物を丁寧に育てています。多様な植物について楽しみながら学べるように、東京ディズニーリゾート・オフィシャルウェブサイトで「#花と緑の散策」が提供され、四季折々に観察できる植物や生育アドバイスが掲載されています。

▶ 廃棄物発生抑制と持続可能な調達

多数のゲストが来園する東京ディズニーランド・東京ディズニーシーでは、毎日大量のごみが発生します。廃棄物の中でリサイクルしているごみの種類は、段ボール、生ごみ、植栽ごみ、食用油、ペットボトル、包装材、プラスチック類、新聞・雑誌、紙コップ、紙パック、空き缶、空きビン、金属類、木くずなどです。ゲストが行き来する場所やゲストから見える場所での処理はできないので、各専門業者に委託して外部でリサイクルをしています。

写真1.1　現実のジャングルクルーズで撮影（ボルネオ島）

施設を運営するOLCグループの「サステナビリティ情報」によると、東京ディズニーシーが通年稼働した2002年度は50％に満たなかったリサイクル率が、近年は全体で70％以上に向上しています。一方、テーマパーク内で発生する生ごみについては、ほぼ100％をリサイクルして、メタン発酵（発電）も導入しています。生ごみ由来の堆肥であれば廃棄物の成分によってばらつきが生じ、厳格な肥料取締法など品質維持の問題、春秋といった堆肥需要期の期間限定、臭い問題などを考慮すると、メタン発酵の方が年間を通じて安定した運営ができそうです。ただし。冬季の加温含め維持管理にとても手間がかかります。

東京ディズニーリゾートでは当初あった使い捨ての容器類はなるべく減らす取り組みをして、プラスチックや陶磁器、金属などの容器を食器洗浄機で洗って再利用しています。また、飲食施設では、陶磁器や金属などの食器を導入し、紙ごみ、プラスチックごみの発生抑制を図っています。洗浄水の発生という新たな環境負荷もありますが、資源保全や廃棄物削減の面で大きく改善されるのでトータルではプラスになっています。テーマパーク内の飲食施設で使用しているポップコーンオイルを持続可能性に配慮した油に切り替えるなど、サプライチェーン全体での環境や社会への配慮もしています。

▶化学物質管理

パークで使用される塗料やLAS（洗浄剤）が化学物質管理の中心です。パステルカラーのきれいな古きよき米国の街並みや、夢を与えるデザインを演出する主役は塗料です。塗料はトルエンやキシレンを大気に放出します。

印象に残る活動としては、テーマパークがPRTRの対象外にもかかわらず、PRTRに則り、しっかり管理して規制対象物質の使用を抑制していることです。**PRTRは、有害性のある化学物質を扱う事業者が１年間にどの物質をどれだけ環境中へ排出したか、廃棄物として外部へどれだけ移動したかを国に届出て、国はそれを集計し公表する制度**です。規制物質は、使用量や排出・移動量の実態調査をしながら、塗料の種類を変更するなど代替や削減を実施しています。すでに塗料は水性塗料に切り替えることにより、揮発性溶剤の使用削減に努めています。当初より鉛含有ペイントや有害な錆（さび）止め塗料は使っていません。PRTR情報を把握するだけでも大変な作業ですが、法理念に則り、実効性のある有害化学物質の削減をしています。

▶ 太陽光発電と照明

施設内にあるオフィス建物の屋根には太陽光発電パネルが設置されていますが、電力の安定供給面から再エネ利用は一部にとどまっているようです。一方、シンデレラ城含め、照明では寿命が長く消費電力も少ないLEDが活躍しています。電球のLED化に際して、やわらかい光で夢のある街並みなどが映えるよう工夫されています。

▶ 自家発電装置

アトラクションは一部天然ガスを使うものもありますが、基本的に電気を動力としているので、節電にはかなり力を入れています。電力のピーク使用時のため自家発電装置が導入されています。これは、**ピークカット**や災害時などの使用も想定しており、大地震発生時など外部電力の供給がなくなった際など、ゲストが一定期間パーク内で安全に過ごせる電力を確保しています。

▶ エネルギーや電力

温暖化対策に関する最大の貢献は、セントラル・エネルギー・プラント内への大型熱源設備の導入です。燃料は天然ガスで、温水や冷水を施設内で循環しています。エネルギー・マネジメント・システム（EMS）導入により各施設の使用エネルギー量の「見える化（可視化）」が可能になり、エネルギーの需要供給をこまめに管理することで効率化しています。

▶ 温室効果ガスの削減

東京ディズニーリゾートは、当然ながら、温暖化対策や省エネルギー、ごみ削減とリサイクル（2030年、リサイクル率80％目標）、水資源の有効利用、生物多様性への配慮、汚染防止、**グリーン調達**に努めています。一方、**スコープ3**を含むサプライチェーンへの関与も進めており、スコープ1およびスコープ2を対象に2030年に51％削減、2050年にネットゼロを目標にしています（スコープ1～3は第7章に説明あり）。

▶ リスクと機会およびTCFDに基づく情報開示

テーマパークを運営するOLCグループでは、環境問題から生じる様々なリスクと機会の把握に努めています。広義の環境負荷アウトプットとして、二酸化炭素（CO_2）、下水道への排水、排出される廃棄物があります（**図1.1**）。

※1　太陽光の自家発電（すべて自家消費）、非FIT非化石証書付電力の調達量
※2　カーボンニュートラル都市ガスの調達量
(出典：OLCホームページをもとに作成)

図1.1　東京ディズニーリゾートの環境負荷マスバランス（2021年度）

気候変動の進行により、気温や海水面の上昇、台風や洪水など、自然災害の甚大化も予想され、すべての事業に様々な影響を及ぼす可能性があります。そこで2030年までの**ESGマテリアリティ「重要課題」**として、「気候変動・自然災害」を設定しています（**表1.1**）。**気候変動のリスク・機会**とその分析については継続的に情報開示を進めています。

さらに循環型社会に向けて、製品・サービスの省資源化と廃棄物削減、持続可能な資源利用などの取り組みを実施することで、2030年までに、廃棄物削減目標（重量）は2016年度比10％削減、リサイクル率を実績で80％達成の目標を表明しています。

表1.1　東京ディズニーリゾートの気候変動・自然災害（ESGマテリアリティ）

関連するリスクと機会	取り組みの方向性	2030年KGI
【機会】気候変動に適応することによる新たな体験価値の創出 【リスク】異常気象や自然災害の増加による事業への影響の拡大	再生可能エネルギーの創出や調達、省エネルギー活動、環境配慮設計の導入などにより、気候変動リスクの低減に努めるとともに、気候変動に適応し強靭性を高めることで、事業の持続可能性を高める取り組みを行います。	温室効果ガス排出量スコープ1・2 2013年度比51％削減 ※温室効果ガス排出量2050年度までにネットゼロ

（出典：OLCグループ「サステナビリティ情報」）

注：スコープ3はカテゴリ再整理などによりKPI設定予定。KPIはKey Performance Indicatorsで、重要業績評価指標。KGIはKey Goal Indicatorの略で重要目標達成指標

気候変動に関しては、適切に対応できれば競争力の強化や新たな事業機会の獲得にもつながると認識し、2022年4月には「気候関連財務情報開示タスクフォース（TCFD）」の提言に賛同・署名しています。

▶「夢、感動、喜び、やすらぎ」の提供

東京ディズニーリゾートの事業活動は、持続可能な地球環境と社会との調和を図っています。「テーマパークは永遠に完成しない」といわれるように、東京ディズニーシーの新テーマポート「ファンタジースプリングス」（2023年オープン）など続々と魅力を増やしつつ、今後50年、100年先も「夢、感動、喜び、やすらぎ」を提供し続けることを表明しています。

◆ エネルギー管理や水処理、廃棄物管理、化学物質管理など徹底した環境管理
◆ 気候変動・自然災害を重視し、CO_2削減とリサイクルにも積極対応

1.2 見える化で発展した減量化・リサイクル率98%の石坂産業

石坂産業株式会社のリサイクル事業の地域との共生を可能にしたのは、全天候型プラントと作業棟の“見える化”です。2008年には工場のリニューアルが完了し、見学者通路・ギャラリー棟が完成しました。約2億円をかけて見学者通路が完成（2008年）し、それを記念した講演会が開催されました。招待客と一緒に筆者も見学者通路と再生された隣接の里山を歩き石坂産業の環境経営に対する意気込みを肌で感じることができました。荒れていた雑木林は再生され、里山は環境教育フィールドとして一般市民に開放されています。生物多様性JHEP認証で国内最高ランクのトリプルエーAAAを取得（2012年）し、翌年には環境教育等促進法に基づく環境省の「体験の機会の場」に認定されています。

▶最新鋭のダイオキシン対策炉導入とダイオキシン騒動

ダンプ1台で廃棄物の運搬をはじめた石坂好男氏は1967年、27歳の時に埼玉県で石坂産業を創業しました。社長を娘の石坂典子氏に移譲する前後は、非常に苦難な時期でした。ダイオキシンが社会的に大きな関心事になりはじめたころ、石坂産業は先手を打って年間売上高の半分を超す15億円をかけてダイオキシン対策を完備した新型炉を設置。しかし2年後の1999年に、民放テレビ局が「ダイオキシンで所沢の葉もの野菜が汚染」と報じてから状況が一変しました。埼玉県・所沢に隣接する石坂産業にもダイオキシン騒動がすぐに波及したのです。

住民はごみ焼却の廃業を要求する行政訴訟を提起して、本社前に監視小屋もできました。「ダイオキシンをバラまく煙突が住民の命を奪う」といったスローガンに多くの市民が賛同しました。しかし冷静に考えると科学的には正確でなく、地元産業にとって迷惑な風評被害だけが広がりました。

民放テレビ局による報道で「ダイオキシンに汚染された野菜」とされた所沢産のホウレンソウは大きく値を下げ、不買運動で農家の野菜が売れなくなりました。そして、テレビ局を提訴する事態にもなりました。じつは、番組の中でホウレンソウのものとされていたダイオキシン含有データは、成分が濃縮した煎茶のデータ（お茶は飲んでも健康に問題がないレベル）であったことが後日判明しています。

▶焼却から全面撤退し脱炭素に移行

ダイオキシン騒動で大口顧客のゼネコンやハウスメーカーなどから取引停止となり、管轄の自治体も移転を勧めるという、まさにイバラの道でした。石坂産業は地域での署名活動など社会の動きを受けて3基の炉すべてを解体し、売上高の7割を占めるごみ焼却から撤退する英断をしました。

創業者の父に代わり社長になっていた30歳の石坂典子氏は、40億円の新たな投資によって、焼却から完全脱却して廃棄物の減量とリサイクルに特化する事業に転換したのです。つまり、**脱炭素移行グリーントランスフォーメーション（GX）**の導入という先見の明があったのです。

▶再エネ電力を100％導入

廃棄物の処理過程で発生する粉じんや騒音が外部に出ないように、すべての設備や作業場を建物内に収納する無公害かつ全天候型の総合プラントです。寒風や猛暑、雨でも、野外で仕分けをする作業員にとっても屋内は大きなメリットがあります。広大な屋根の雨水はトラックのタイヤ洗浄に利用し、広い屋根に降り注ぐ太陽光で発電も行っています。2021年には、重機を含めてほぼ電動化された工場に再生可能エネルギー由来の電力を100％導入しています（**写真1.2**）。

▶職場改革で4割退社

それまで産廃処理の現場は男の職場で、作業者の休憩室は品のない漫画やポスター、たばこの吸い殻などが散乱していました。若い女性社長は繰り返し休憩所に足を運び、「会社を変えたい」と説得し雑誌などを見つけ次第どんどん捨て、仕事中の禁煙や身なりの清潔さなども徹底させたと聞きます。きちんとした職場改革を導入しましたが、試練もあります。

「朝礼でISO認証を取得すると宣言すると、『やっていられない』とヘルメットを床に叩きつけて去った社員もいた」といいます。改革半年で4割の社員が退職し、平均年齢55歳が一気に35歳に下がりました。その一方で、取引先など利害関係者に会社が改革したことを証明するため環境マネジメントの国際規格である**環境ISO**や品質ISOをはじめ、エネルギー、労働安全衛生、情報セキュリティ、事業継続、学習サービスの７統合で認証を取得したのです。石坂産業のビジネスにおいて、もっとも重視しているのが顧客からの信頼です。石坂産業であれば安心して処理を任せられるという信頼がもっとも大切にすべきブランドと考えています。

（出典：石坂産業株式会社）

写真1.2　森の中のリサイクル工場

▶ 年間６万人の来場者

工場見学者向けのガラス張の通路を設置してから、コロナ禍前には年間１万人という驚くべき数の見学者を受け入れていました。保全する里山にも年間５万人以上が訪れ、地域の児童生徒も授業の一環で5,000人が見学しています。業務内容を物理的にも透明化して地域社会や取引先、さらに自然環境とも共存するかのようです。

こういった努力の成果として、2018年日刊工業新聞による優良経営者賞を受賞しています。それ以外にも、例えば、「ウーマン・オブ・ザ・イヤー2016」情熱経営者賞受賞（日経WOMAN）、2018年経営者賞（財界）、2019年KAIKA Award（日本能率協会）、2020年日本経営品質賞（経営品質協議会）、2021年企業広報経営者賞（経済広報センター）、2022年ニッポン新事業創出大賞グローバル部門最優秀賞（経済産業大臣賞）（日本ニュービジネス協議会連合会）など、実力が認められ表彰されています。

▶ 株式会社日本の脱焼却・脱炭素

日本では化石燃料の燃焼で大半の電力を供給し、電気自動車（EV）もその電気で動いています。国として2050年カーボンニュートラルを宣言していますが、石坂産業のように煙突をすべて撤去して再エネ転換とサーキュラーエコノミー、さらに脱炭素社会に移行することができるのでしょうか。

GXには巨額の費用と時間がかかります。年商30億円だった石坂産業は設置2年の焼却炉（15億円）を含む3炉を解体撤去し、新たに40億円をリサイクル事業に投資し、資源循環と環境保全に力を入れています。

MEMO▶ドイツの脱炭素と脱原発

欧州は脱炭素社会に向けて大きく舵を切っています。脱石炭を決断したドイツはコロナ禍のロックダウンによる経済活動低下の影響で、やっと2020年削減目標を達成しました。天然ガス供給がロシア依存なので非常に厳しい状況に置かれています。それでも野心的な**GHG削減目標**をあきらめていません。

さらに脱原子力政策をとるドイツでは、2022年末に最後の3基も閉鎖期限を迎えました。東京電力福島第一原発の2011年事故を受けて、メルケル政権が17基すべての原発を廃止することを決めました。しかし、ロシアからの天然ガスの供給が大幅に減って深刻な状況です。

日本貿易振興機構（JETRO）情報では、残る3基を2023年4月15日まで緊急時の予備電源として稼働状態を維持する予定で、これは冬の電力の国内安定供給やフランスなどに向けた電力供給を目的としています。なお、フランスはメンテナンスや設備の腐食割れのため原子力発電所のほぼ半分が停止状態でした（JETRO 2022-10-27）。フランスでは、異常気象とみられる熱波で川の水位が低下し冷却水の水温が高まったことで、出力を下げる必要もありました。ドイツはウクライナ情勢やその他の要因が絡む電力・エネルギー状況のひっ迫により延長を検討しましたが、原発閉鎖までの燃料購入費や、発生する放射性廃棄物の総量は、2022年末閉鎖予定であった時と比べて増えることはないようです。

- ◆ 石坂産業の脱炭素と減量化・リサイクル98％以上は環境経営のモデル
- ◆ 事業の透明性や地元貢献がサスティナビリティを高める
- ◆ 脱炭素への移行とGXには巨額の資金と時間が必要

1.3 採石場跡地を観光スポットに再利用

石材出荷が低迷する中、100年以上続く採石で生じた深さ約65mの採石跡が湖に変身。地下水や雨水によって地図にない巨大な湖が出現し、その利用法を思案。見学者を招いたところ大勢が押しかけ、現在は観光会社を設立し採石跡地を観光地として活用しています。

関東の茨城県に「石切山脈」と呼ばれる丘陵があります。ここは東西約10km、南北約5km、地下1.5kmに及ぶ岩石帯であり、稲田石（白御影石）の日本最大級の採石場です。美しい白さと光沢を備えているため、国会議事堂、最高裁判所、日本銀行、日本橋（石橋）など有名な建造物、さらに明治神宮や鹿島神宮など全国の寺社仏閣にも稲田石が使用されています（**写真1.3**）。

最近は建材として需要の低下や石離れの中で、安価な海外産の輸入材の影響もありバブル景気時の1/10というレベルまで衰退しています。最盛期に150社、1,000人以上いた石材従事者も300人以下に減少しました。

▶ 採石跡地

全国有数の建造物に使用されている最高級石材の稲田白御影石（以下、稲田石）の採石を行っている茨城県の株式会社想石は、日本最大級の採掘現場である「石切山脈」の魅力をより多くの人に伝えたいという思いから、新たに観光事業会

写真1.3　日本橋は稲田石を使用（高架道路は撤去予定）

社を立ち上げました。

採石作業をしていたガイドは、「毎日作業する場所なので、プロ向け撮影場所、インスタ映えする……と、当初は地形のユニークさをまったく理解できなかった」といいます。テレビや映画の撮影も増えるにしたがい訪問者が増加し、**見学ルートを新設**したところ、コロナ禍前には年間数万人が訪れるようになりました。観光事業会社を設立して専用車を利用した場内ツアーや軽食提供などを、2020年から実施しています。現地を3回ほど訪問しましたが、解説ツアーは興味深く迫力もありました。

採石場の入り口近くにある大きな湖は、110数年前は小高い岩山がありました（**写真1.4**）。明治から続く採石によって現在の地表面から約65mも掘削し、2014年ごろには採石を中止しました（**写真1.5**）。まもなく地下水や雨水によって地図に掲載されていない巨大な湖が出現したのです。ここ2、3年で水位がさらに数m上がっています。

採石を中止した理由を採石作業者に聞いたところ、理由は2つありました。深さ65mからの石材の切り出しと搬出に想定以上の労力がかかるようになったこと、さらに、朝夕は太陽光が底まで届かず穴の中は暗くなり安全な作業が困難、という理由です。

稲田石材商工業協同組合の史料によると、笠間稲荷神社の宮司と酒造業者が共同で会社を設立して採石する山林を買収し採掘権を取得し、1887（明治22）年ごろに採掘が開始されたといいます。同時期に茨城県・水戸と栃

写真1.4　深い湖が出現した採石場跡

写真1.5　水没前（「石の百年館」にて撮影）

木県・小山をむすぶ鉄道、水戸線の敷設工事も進んでいました。当初の石材用途は鉄道線路の敷石でした。見学した採石場では、約60年前に開発された奥山採石場で操業が続いています（**写真1.6**）。石切山脈で産業技術総合研究所（地質調査所）が大規模な地質調査を実施し、奥山付近で良質の岩体が存在していることが推定され開発されました。石材という**自然資本**の恵みを人間社会は長年享受しています。

▶ 採石や石材加工の排水

石材加工には水を利用します。操業に伴う排水は水処理されてうわ水が放流されています。沈殿池の淡いエメラルドグリーンが印象的でした（**写真1.7、1.8、1.9**）。

稲田石は、約6,000万年前にマグマが地下深部より地表近くに貫入して地中で長い時間をかけゆっくり冷え固まった花崗岩といわれます。長石や石英などの鉱物がゆっくりと成長して、鉱物種類ごとにほぼ同じ大きさで構成され組織が均一になったもので、花崗岩の中では比較的新しい地質年代のものです。

白色の長石が稲田石の白い色調を構成し、世界でも類をみない白さが特長

写真1.6　車で登った山中にある奥山採石場

写真1.7　採石場の水処理施設

写真1.8　採石場の加工機械

写真1.9　排水の沈殿池（うわ水が越水）

だそうです。鉱物構成比は、白い長石が63％、半透明～灰色の石英が34％、そして黒雲母が4％弱となっています。黒雲母のごま塩状の組織が特徴で、酸性雨などの酸に対して比較的耐久性がある珪酸分が77％も占めるので耐久性に優れています。

◆ 事業所や工場の跡地も市民が楽しめる再利用がベスト

◆ 自然資本の利用法が学べる茨城県の石切山脈

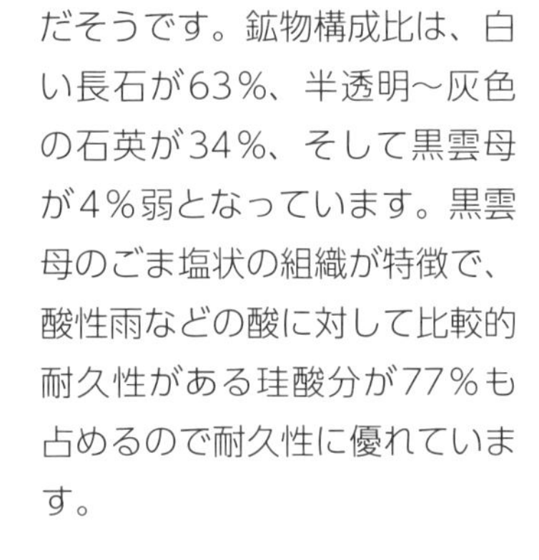

1.4 くり返す コンプライアンス違反

特定事業所Ａ工場は優良な事業所で評判もよく、地元自治体との環境保全協定に基づき構内排水溝の水質測定もしています。ところが、着色水が流出して魚の大量へい死が発生してから不適正事案が次々と判明しました。

シアンなどの排水基準（上乗せ；定量限界0.1 mg/L未満）と協定値の超過などが複数判明し、過去にシアンなどの基準超過を行政に報告しない事例も多数存在したことが分かりました。分析データの不適切な取扱いでは、測定データの改ざんや隠ぺいと疑われるような事案も発生しています。再発防止を目的として少し詳しく解説したいと思います。

基準値を上回る状況が確認されていたにも関わらず行政機関に報告していなかったケースが多数判明し、シアン検出の未報告だけでもNHKは過去４年間に合計43回、東京新聞などの記事では過去５年間で計59件といった報道が2022年10月１日にありました。会社側は意図的な隠ぺいはないと説明し、水処理業務に関わる者には環境に関するコンプライアンス意識（法令順守）が十分に浸透しておらず、分析データの不適切な取扱いは、担当者が法制度を誤認していたのが原因などと説明しました（**表1.2**）。

いずれにしてもシアン以外も含め、法令や協定に抵触する基準値超過の事実、ならびに測定・記録・報告などに不適切な取り扱いがあったことが判明しています。

▶ 2022年の不適正事案―複雑な不適正事案の概要

記者会見を聞き報告書などを読んでも、かなり複雑な経緯です。報告書からの抜粋は次のとおりですが、本稿「Ａ工場小括」まで読み飛ばしても結構です。

①タンク漏洩により赤色の着色水（脱硫液）が2022年６月19日に排水口#14から外部水路に流出して魚のへい死を確認、流出した排水口の遮断

表1.2　測定値の未報告、隠ぺいや不正と疑われる行為

測定結果	測定値の未報告、行政に報告した数値よりも高い測定値が存在
基準超過	法に基づく測定でシアン等の排水基準の超過を記録しない
自主測定	自主管理で実施した測定で判明したシアン等の基準超過を報告せず
再度測定	排水の協定値超過を再測定による低い値のみ記録して行政に報告

ゲートを閉弁したことで翌20日に#11より着色水流出（**図1.2**）。②着色水が流れ込んだ排水口#11#14等で6月21日から数日にわたりシアン、化学的酸素要求量（COD）と全窒素の排水基準を超過。外部流出を防ぐため関係排水口の遮断ゲートを閉弁した。その影響により、着色水が複雑な配管を通じて別の排水口へ流れてしまったようです。

上記①と②の発生を受けて、工場ではすべての排水口において、水質測定を毎日実施していたところ、シアン・全窒素について③排水口#7における排水基準超過（6月30日から7月2日）が判明。原因は炉の集じん水です。

この原因を調査する過程で、排水口③#7において水濁法の**届出とは異なる方法で排水**しており、さらに複数の仮設ポンプとシアン処理装置に関しては**水質汚濁防止法（水濁法）の届出**がなされていないことが判明。届出した⑤#8排水口でなく、仮設ポンプで余剰水を③#7系統に流していました。

理由として、#8排水口系統の従来装備力では窒素の処理能力が不足するため、届出と異なる排水ルートへ送水する暫定対応をしていました。また、シアンに関しても抜本的な設備対策などしない限り、#8排水口系統排水溝の協定値超過を抑止できない状況でした。

▶ 過去の分析データ徹底調査

これらの事案に関しA工場は極めて重く受け止め、類似の事案の有無を過去に遡って徹底的に調査するため、過去5年分の分析データ（協定で規定する構内排水溝は3年分）を、分析をした子会社のデータも含め総点検しました。

点検の結果、赤色の脱硫液が流出した②#11#14等の排水口に関連したCOD・窒素の測定について、行政報告の数値より高い値の測定データが複

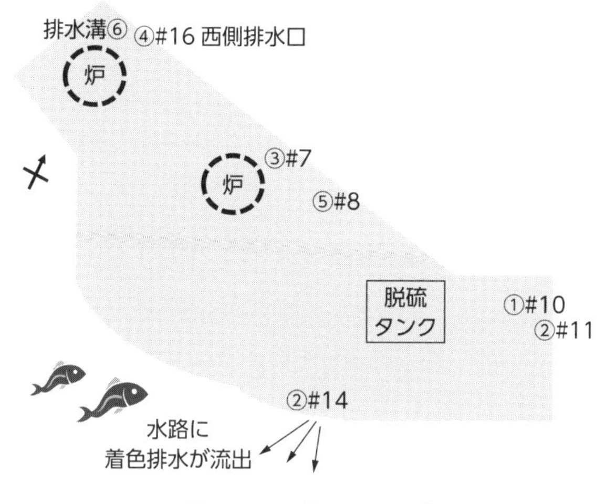

図1.2　A工場のイメージ

数あったことが判明。また、③#7の基準超過案件の排水口でもシアンおよび全窒素に関し、行政報告のものより濃度が高い別データの存在が確認されました。これらは排水系統調査や水質確認のための自主的な測定のようです。

工場では各排水口について水濁法および県条例に基づく水質測定を3か月に1回の頻度で実施していますが、総点検の結果、④新たに西側排水口#16について、排水基準を超えるシアンと全窒素の測定データの存在（2017年8月から2019年11月）が判明しました。排水基準を超える測定結果が出た際に行政に報告せず、再度のサンプル採取を行い、基準内に収まったデータを法定の測定結果として記録、保存していたのです。**全シアンは急性毒性が問題になるので、環境基準は年間平均値ではなく最高値により評価することになっています。**

この排水口については、法定測定の他に、操業管理のための社内の自主管理として法定測定と同一の場所でのシアンおよび全窒素の測定が行われていました。2018年2月以降、シアンの排水基準超過39回、全窒素の排水基準超過195回が、行政にそれぞれ未報告であったことが判明（2022年9月30日報告書）。この原因を調査する中で、炉の集じん系統で発生したシアン・窒素を含む余剰水がオーバーフローして側溝から排水口#16に流れて、排水基準の超過が判明しました。余剰水は構内で再利用するはずだったので特定施設の届出はしていませんでした。

法定測定として実施した排水口③#7の2019年2月に採取されたサンプルについて、排水基準を超える亜鉛・シアン・全窒素が測定されましたが、行政に報告せず、同月内にサンプル採取が再度実施され、基準内に収まった測定データだけを法定の測定結果として記録、保存していました。

さらに、③#7と⑤#8など4か所の排水口において、法定測定とは別に自主管理の一環として実施した過去の測定について、排水基準を超えるSS・n-Hex・pHが測定された際、関係行政機関への報告をしていなかったことも判明しています。

⑥11月7日、工場の排水口で実施した自主的な水質測定（採水11月6日）にて、シアン濃度が0.1mg/Lとなり、水濁法および県条例に定めるシアンにかかる排水基準（0.1mg/L未満）の超過が確認され公表されました。しかし、これは同排水口から約15m上流に位置する構内の雨水処理水槽で採水されたサンプルであり、測定個所の誤りでした（2022年12月27日発表）。ただし、雨水処理水槽に堆積していたスラッジからシアンが検出されています。

▶ 構内排水溝の水質測定データの不適切な取り扱い

構内の排水溝は水濁法の測定対象ではないため、自治体との環境保全協定に基づき、工場が管理する7か所に設定された排水溝において水質測定を行っています。過去3年分の測定データを調査したところ、協定値を超える値が測定された際、行政への報告をしていなかった、あるいは再採水を実施し、協定値内に収まった測定データを協定上の測定結果として報告していたことが、二次処理排水溝と電気亜鉛めっき処理排水溝で判明しています。

▶ A工場小括

大枠の経緯やポイントを箇条書きでまとめてみます。

①タンク漏洩により着色排水の流出を止めるため#10排水口系統を遮断

②その結果、接続する他の排水口から流出およびシアンなど基準超過

③測定を毎日実施したところ別の排水口でシアン・窒素の基準が超過し、水濁法の届出とは異なる排水方法と未届けのポンプと処理装置が判明行政報告の数値より高い測定データ（排水基準超過を含む）が複数あっ

たことが判明。徹底的に調査するため、過去5年分の分析データ（公害防止協定の構内排水溝は3年分）を総点検

④総点検で、新たに西側排水口#16について、排水基準を超えるシアンと窒素の測定データの存在（2017年8月から2019年11月）が判明基準超過の際に、再度のサンプル採取を行い、基準内に収まった測定データを法定の測定結果として記録、保存していたことが判明

⑤#8など4か所の排水口において、自主管理の一環として実施した過去の測定で排水基準を超えるSS・n-Hex・pHを関係行政機関への未報告

⑥測定個所を誤ったシアンの基準超過を発表（排水口でなく排水溝）

▶ 老朽化や人員不足

A工場の不適正事案の原因は調査中ですが、次のような事由を含みます。

水質測定はごく一部の排水溝を除き環境部門でなくエネルギー部のみが担う業務フローとなっていたため、水質測定に対して環境部門のチェックが働きづらい仕組みでした。排水基準超過や協定値超過が生じた場合に、日時を変えた再採水や再分析、基準超過の報告漏れといった不適切な取り扱いが行われました。一連の不適正行為に対して、本社や独立組織の保安センターから指摘・是正がなされず、また、水処理運転から水質測定までのほぼすべての業務を子会社が受託しており、チェックが働きづらい状況もありました。他にも原因はあります。

有害物質が漏洩したタンクは設置後47年以上も経過しており、老朽化による壁・マンホールのピンホール破孔が発生し、補修しながら使用していました。滲(にじ)みや漏れもある中で会社はタンク交換の検討をして、非破壊検査により壁の板厚を検査して寿命を算出し、寿命到達前の更新計画も策定していましたが、設備の老朽化で大量漏洩(ろうえい)（推定1,800 m^3）が発生しました。

▶ 水収支バランス

複雑な排水系統に非定常操作で排水の流れが変わり、老朽タンクから漏洩した廃水が越流し雨水集水側溝に流れ込みました。各排水口系統の配管には勾配があるため、通常は連結部より越流しないはずでした。しかし、排水口系統の支線から別の排水系統へ流入して廃液が工場構外の水路へ流出しました。

集じん系統で発生したシアン・窒素を含有する処理水は工場内で再使用し

ますが、**再使用先での使用量変動や多量の降雨、設備トラブルなどにより各処理槽への流入と吐出のバランスが崩れ、処理槽上部から越流**を起こすことがありました。越流した排水が、側溝から西側排水口④#16につながる雨水排水系統に流入し、排水基準を超えるシアンおよび全窒素が測定されました。

排ガス集じん系統で発生した余剰水は、操業変化で一過的に増加する際、水バランスが崩れ、循環系統からオーバーフローし、側溝など雨水排水系統へ流れることもありました。また、再利用する水量が減少するときも、水バランスが崩れてオーバーフローしました。設計ではクローズドシステム（水は構内再利用）でしたが、実際には排水基準を超過する余剰水が何度もオーバーフローし流出していたケースがあったようです。将来の集中豪雨では雨水が系統を逆流する可能性もあります。

MEMO▶窒素など50回の排水基準超過（2023年3月）

有名菓子メーカーは 過去3年半に排水データを97回改ざんし排水基準超過があったことを2023年3月に県に報告しました。排水処理施設から未処理の廃水があふれ、流出する事故で発覚したもの。原因は次のとおりです。①製造製品の変更で水質が大きく変化し処理能力が不足し不具合が発生。②メンテナンスや施設管理が不十分で、処理機能が発揮できなかった。③排水基準（濃度基準）の順守を重要と担当者が認識せず、上司に報告しなかった。④自主管理値が超過してアラームが発してもなんら対応は取られていなかった。

▶過去にあった不適正事案―20年ほど前の不適正事案

公害関連設備の老朽化や管理不備などによる水質や大気の排出基準の超過や測定データの改ざんなど、不適正事案が全国で多数発覚しました。巧妙で悪質なケースもあり、基準値超過になると自動記録の環境データが記録できなくなるプログラムを秘かに導入していた事業所もあったと聞きます。

このような行為は、ESG（環境・社会・企業統治）やSDGs（持続可能な開発目標）などが叫ばれる時代にあって、極めて悪質とされ社会的に容認さ

表1.3　不適正事案の例（抜粋）

	社名（業種）	事案の概要
1	A社（鉄鋼メーカー）	・A社製鉄所防波堤等から、水質汚濁防止法に基づく水素イオン濃度の排水基準に適合しないおそれがある水が流出していたことが判明した。 ・同社は少なくとも5年以上の期間にわたって、公害防止協定で基準値が設定されている工場内の排水処理施設処理水等の自社測定データについて、基準値を超えるデータを基準値内に書き換えて地方自治体に報告していた。 ・A社の内部調査では、1）水質管理担当者が1人しかいなかったため、チェックできなかったこと、2）組織・人事上の問題として環境管理部門の操業部門に対する指導力が低下していたことが原因として挙げられる。 ・同社当該製鉄所の水質管理担当者ら4名と法人としての同社が、海上保安庁により書類送検され、当時の公害防止担当者ら3名が略式起訴され、法人は起訴猶予となった。簡易裁判所は、2名に罰金30万円、1名に罰金20万円を命じた。
2	B社（金属メーカー）	・A社の事案発生に伴い、公害防止協定を締結する工場に対する地方自治体からの要請に基づき、B社が自主点検を行ったところ、工場の排水量実測値が公害防止協定で定める協定値を超過していたにもかかわらず、実測値を協定値内数値に書き換えて地方自治体に報告していたことが判明した。また、排水量について、水質汚濁防止法に関しても同様に、実測値の書換えを行っていた。 ・B社の内部調査では、1）当該工場の水質管理業務を委託していたB社子会社に環境管理を直接担当する部門がなく、B社の環境管理担当者が同社子会社の実務を兼任していたこと、2）この環境管理者に環境管理及び報告書作成等の業務が集中しており、B社がその適切な指導を行っていなかったこと、3）同環境担当者に環境法令、公害防止協定に対する意識・認識が不足していたことが原因として挙げられる。 ・同社当該工場の元総務課長補佐と元社員、法人としての同社が、水質汚濁防止法違反容疑で警察による書類送検され、元総務課長補佐が略式起訴、簡易裁判所は同課長補佐に罰金20万円の略式命令を出した。同社と別の社員については不起訴となった。

れません。最低レベルとして誰もが順守する義務のある法令や環境条例は最優先事項です。

▶ 公害防止ガイドライン

不祥事が多数発覚したので、経済産業省と環境省は、検討会を7回実施し、「公害防止ガイドライン（公害防止に関する環境管理の在り方報告書）」を2007年3月に発表。その中で具体的な事例が紹介されています（**表1.3**）。

表を眺めると、環境担当者や総務スタッフが罰金など有罪になっているケースが多いようです。表（抜粋）以外の概要と原因について参考に記載します。

▶ 不適正行為の原因

某建材メーカーは行政指導で実施した自主点検で、届出に記載された工場排水の測定を実施せず、不足していた測定回数を偽って報告していたこと、自動測定器による測定項目が長期間にわたって測定されていないことが判明。原因は①測定不足に関しては、測定担当者の遵法精神の欠如、有資格者への専門家教育不足、管理者のチェック機能の欠如、②自動測定器の長期間測定停止に関しては、管理者のチェック機能の欠如、機器のメンテナンス不足です。

別のメーカーの測定回数の虚偽報告とデータ書き換えの原因は、①工場現場の環境保全重視の認識の欠如、②チェック体制の不備、③環境担当者の教育欠如、④不十分な人員配置、⑤担当者1人に任せきりにした、が原因です。

一方、製油所の大気排出ガス濃度測定を外部業者に委託していた工場では、現場担当者が測定データを行政宛報告の原本に転記する際、社内基準値を超えないように、担当が独断でデータを書き換えていました。内部調査では、①コンプライアンス意識の不徹底、②チェック機能の不備、③現場担当者の環境管理に対する認識不足、などが原因として挙げられています。

別の製鉄所では、社内で法令順守状況を点検したところ、複数工場において、公害防止協定に基づく大気排出濃度基準値を超過した場合の報告義務を3年以上怠り、基準値超過時にばいじん濃度自動記録装置を故意にラインから切り離して記録を欠測とし、運転日誌には事実と異なるデータを手動で入力していたことが判明。内部調査では、①ボイラの現場担当が法令順守よりも操業継続を優先、②自動記録装置の管理を一担当者に任せきりにしたこと、③記録装置の明確な作業標準の不備、④管理職のチェックの不備、が原因でした。

不適正事案には共通する傾向があります。公害防止装置などの維持管理や点検が中心となる公害防止業務については、日常の定型的な管理業務の一部とみなされ、適切な配置転換がない限り業務がマンネリ、ルーチン化して「危機感」「緊張感」を維持することが難しくなります。工場幹部や管理職から一般従業員に至るまで、公害防止の重要性（設備異常の検知、異常事態への対処など）の周知や法令順守の意識付けが徹底されておらず、これらがデータの改ざん・隠ぺいの遠因であると考えられています。

▶ 環境管理を実践するための行動指針

公害防止ガイドラインでは、担当者任せでない「全社的環境コンプライアンス」を実施し、ISO14001（環境マネジメントシステム規格）に基づくPDCAサイクルなども活用して、会社を挙げて効果的な環境管理体制の構築を求めています。実効性のある環境管理のため行動指針も具体的に示されています。

ガイドラインでは、過去の不適正要因に着目し公害防止に関する環境管理上の課題を整理した上で、基本的方向性として、①方針の明確化、②組織の構築、③予防的取組、④事後的取組、⑤関係者との連携からなる「全社的環境コンプライアンス」への取組が提示されています。具体的には、守るべき全ルールの理解と実践、本社と現場の連携、関係者の環境教育が不可欠です。

従業員教育に関しては（一社）産業環境管理協会が実施するリフレッシュ研修も役に立ちます。この研修制度は筆者などが創設しています。

◆ GHG排出削減や再エネ導入など温暖化対策の前に法令順守を最優先
◆ 環境管理の現場における人員の適正配置と定期的教育・情報収集
◆ 異常検出の際、初動、報告、対応などをマニュアル化し本社と情報共有

1.5 製造会社の社長が二度逮捕（水濁法と廃棄物処理法）

有名デパートでも販売していた豆腐メーカーは、売上増加と増産の結果、1日当たり最大3万丁という大量の豆腐を製造。発生する有機排水が処理設備のキャパを超えていました。

▶ 食品工場　農業用水路に汚泥を捨てて再逮捕

生物化学的酸素要求量（BOD）が県の基準の最大104倍、浮遊物質量（SS）は最大100倍という白濁した汚水を隣接する水路に流していました。逮捕された社長は、汚水を基準以下に処理するには600万円余分にかかるため費用を浮かせるために違法排水をしたと供述、会社は逮捕の8年前から6回もの行政指導を受け改善勧告も受けていました（**図1.3**）。

工場は水田の中に立地し、工場隣接の農業用水路は幅1mほどですが、約100m下流で水路にヘドロがたまり腐敗ガスがブクブク発生していました

用水路に汚泥不法投棄

豆腐会社違法排水　容疑で社長再逮捕

社■豆腐製造会■が豆腐製造で出た汚水を違法に排出したとされる事件で、汚泥も用水路などに捨てたとして、県警環境犯罪課と東金署は9日までに、同社社長■容疑者■＝九十九里町■＝を再逮捕■法人としての同社を地検八日市場支部に書類送検した。

■容疑者の逮捕容疑は■と共謀し、昨年11月19日ごろ、2回にわたり、九十九里町■にある同社工場で、豆腐製造の際に出た汚泥約6立方㍍を近くの用水路に捨てた疑い。今年5月にも、同工場近くの空き地に汚泥約3立方㍍を捨てた疑いも持たれている。

同課によると、■容疑者は1994年ごろから不法投棄していたとみられ、2002年には汚泥を運ぶバキュームカーを購入。汚泥を処分するには年間約600万円かかるといい、■■容疑者は「処分代を浮かせるためだった」と供述している。

■容疑者は豆腐製造で出た汚水を水路に流したとして6月に逮捕され、5日に水質汚濁防止法違反の罪で起訴されている。

（出典：「千葉日報」2010年7月10日付掲載、千葉日報社発行）

図1.3　再逮捕の新聞記事

写真1.10　違法排水と汚泥投棄があった水路

写真1.11　水路下流のメタン泡とスカム

（**写真1.10、1.11**）。行政の再三にわたる指導にもかかわらず、工場は未処理排水の放流を止めません。ついに警察が動き社長が逮捕されました。容疑は排水基準の違反（水濁法）です。

そのわずか１か月後に、今度は「汚泥を用水路に捨てた」、かつ「空き地に汚泥3m^3を捨てた」として廃棄物処理法の違反容疑で再逮捕されました。逮捕から１週間後に警察に問い合わせたところ、社長はまだ警察に留置されたままでした。逮捕は最大72時間なので、留置施設に起訴前勾留で10日間程勾留されたようです。連日取調べがあったと思われます。

▶ 適用される法令

未処理の廃液を公共用水域に排出した場合の罰則について企業法務の弁護士に聞くと、「水濁法は廃棄物処理法の特別法なので、一般的に排水基準の違反は廃棄物処理法でなく水濁法違反が問われる」といいます。一方、水濁法の罰則と比較して廃棄物処理法の罰則ははるかに厳しいものになっています。

環境に詳しい弁護士は、次のようなコメントをしています。「廃棄物処理法は一般法であり、水濁法は特別法の関係にあるため、特別法である水濁法違反に該当するかを先に検討し、水濁法違反に該当しない場合に、廃棄物処理法に違反するかどうかを検討するのが一般的です」。

背景として、1970年代、水濁法は特定施設に適用されるもっとも罰則が厳しい法律でした。一方、不法投棄などの急増で廃棄物処理法の罰則が何度も改正され、廃棄物処理法の不法投棄の法定刑は、「5年以下の懲役若しくは１千万円以下の懲役又はこの併科（法人は３億円以下の罰金）」となっています。水濁法の排水基準違反の法定刑は「6か月以下の懲役又は50万円以下の罰金」です。法人に対する罰金は、水濁法では50万円以下の罰金で、廃棄物処理法では３億円以下の罰金と桁違いになっています。

そこで、廃棄物が混入している廃液の違法排出（水路に捨てる行為）については廃棄物処理法違反も適用される傾向がみられ、事例にあげたように両方の法律違反容疑で起訴されることも実際に起き得ます。なお、水濁法の排水基準は数値が定まっていますが、廃棄物処理法は「みだりに捨てた」か否か、という抽象的基準になっているので注意する必要があります。

▶ 大手食品メーカーの経費節減

有名食品メーカーで、包装ミスのあるキャンディーが常時発生していました。そこで経費を節約するためにお湯でキャンディーを溶かして下水に流しました。この事実が明らかになり、下水道の受け入れ基準（下水排除基準）には違反していなかったにもかかわらず廃棄物処理法16条の「不要物をみだりに捨てた」疑いが浮上し、行政指導もあり、不良製品は以前のとおりすべて産廃処理業者に処理を委託するようになりました。問い合わせた行政窓口は「違反と断定していませんが、社内で検討し自主的に改善したようです」とコメント。みだりに捨てる行為が会社ぐるみの違法行為であれば、両罰規定で会社に最高３億円以下の罰金刑になるので十分留意する必要があります。

◆ 廃酸や廃アルカリなどの未処理廃液の放流は排水基準超過で直罰
◆ 水濁法のみならず廃棄物処理法により５年以下の懲役、もしくは１千万円以下の懲役、またはこの併科となる可能性（法人は３億円以下の罰金）
◆ 廃棄物に該当するか否か、総合判断説に基づいて検討

温暖化と
水圏・地圏・生物圏

2.1 温暖化メカニズムと水蒸気

未来を暗示するかのように、地球の大気組成で二酸化炭素（CO_2）の割合が0.03％から0.04％（400 ppm）超と変わってしまいました。地表の全温室効果に対する割合として水蒸気と雲の合計で67％、CO_2が21％程になります。水蒸気と雲は熱エネルギーを水平垂直方向に移動させ、気象を左右する機能があります。

ここでは、温暖化に関係する水蒸気と大気循環について解説します。水の気体－液体－固体の相変化や大気構造にも触れます。

▶ 水蒸気もCO_2と同じ温室効果ガス

地球大気の99％を占めるものは温室効果ゼロの窒素と酸素です。CO_2の割合が産業革命以降になって急激に増加し始め、0.04％（400 ppm）の大台を超えました。北半球では平均で430 ppmを超える地域もあります。その結果、北半球の陸地の平均気温は1.5℃以上も上昇しています。

水蒸気を除いたガス種類ごとの温暖化寄与は、CO_2 76.0％、メタン15.8％、一酸化二窒素6.2％、フロン類2.0％となっています。温室効果がない窒素と酸素は寄与率が0％です。

一方、大気中にCO_2などの温室効果ガス（GHG）がすべてなくなると、地球の平均気温はマイナス18～19℃になり人が住めなくなります。GHGの存在によって平均気温は約15℃程度に維持されています。

広い波長域の太陽光を吸収するため水蒸気も「強力な温室効果ガス」とされ、CO_2濃度の増加と関連して温暖化現象に影響を与えています。国立環境研究所の情報によると、地球の温室効果に対する割合は水蒸気が48％、CO_2が21％、雲が19％、オゾンが6％です。それにもかかわらず、マスコミ記事を眺めると、CO_2など主に人為起原のGHGだけを議論しています。

▶ 水蒸気は温暖化の犯人か

大気中のCO_2は太陽の日射エネルギーを吸収し、自ら赤外線を宇宙や地表に向けて再放射します。さらにCO_2が放出した赤外放射を大気中の水蒸気などが再び吸収し、地表の大気が温室のような状態になります。温室に太陽光は入りますが、発生した熱は外に出ません。水蒸気や雲による気候フィードバックで気温は1.5℃から4.5℃の範囲で上振れする可能性があるといわれ、例えば、CO_2濃度の増加だけで気温が1.2℃上昇すると仮定すると、大気中の水蒸気量増加によって気温が2.4℃上がるといったシナリオです。

しかしながら、水蒸気はあまり話題になりません。「大気の水蒸気量は自然界のバランスで決まるもので、水蒸気の増減は人間活動によって影響されない」、「灌漑（かんがい）や発電所の温排水など人為起原の水蒸気排出は、地球の気候にとって無視できるほどの影響しかない」といった理由で水蒸気は温暖化の犯人捜し（考察や研究）から外されている感じさえします。

▶ 大気組成が微妙に変化

大気のうち78.1％は窒素が占めており、以下酸素20.9％、アルゴン0.93％、CO_2 0.04％、ネオン1.8×10^{-3}の順になっています。水蒸気の割合は0〜4％の範囲で、地域別で調べると真冬の南極はほぼ0％、熱帯雨林は4％に近い状況が一般的です。なお、大気がよく混合される対流圏から高度約80kmまで水蒸気以外の主成分の組成割合は変わりません。

CO_2も季節の変化に応じて毎年ノコギリの刃のような濃度変化があり、**図2.1**にあるギザギザの低くなる部分は、CO_2を吸収する植物や藻類の光合成が春から秋にかけて活発になるサイクルと一致します。

一方、透明で目に見えない水蒸気（白い湯気は液体）は、熱帯の湿った空気では最大4％程になりますが、極地などの寒冷地では飽和水蒸気量はほぼ0％に近づきます。当然ながら、季節や時間、測定場所によって大きく変化します。なお、飽和水蒸気量とは、空気中に含むことができる最大の水蒸気量です。

一般的な大気組成の分析は、刻々と変動する水蒸気の影響を除くため、乾燥大気で分析します。つまり、大気分析では水蒸気を最初から除外（考察の対象外）しているケースが多いようです。

温度が下がる深夜や早朝に、朝露や霜が見られます。これは水蒸気が気体から液体や固体になる現象です。気温が30℃では約30g/m^{3}で飽和するので、それ以上の水蒸気を大気は保持できません。同じ水蒸気量（湿度）で気温が10℃に下がると、理論的には水蒸気（気体）から1m^{3}当たり約20g

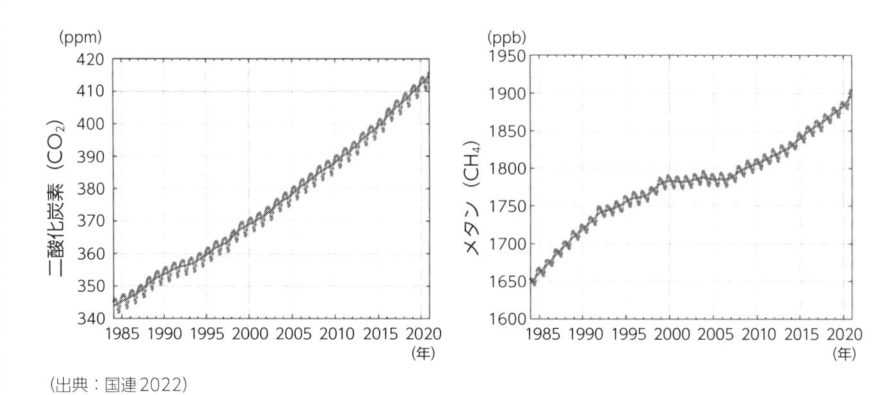

（出典：国連2022）

図2.1　二酸化炭素とメタンの濃度変化

もの水（液体）が発生します。気温が30℃から10℃になると飽和水蒸気量は約30g/m³から9.39g/m³になり、その差が水になります。広い室内なら結露などで数10kgの水が発生します。

飽和水蒸気量の「飽和」とは、めいっぱい水蒸気を含んでいて、もうこれ以上気体として水を含むことができない状態です。気温40℃で湿度100%の飽和水蒸気量は51.1g/m³です。0℃では1/10以下の4.85g/m³です。留意すべきは、高い気温下で空気は大量の水蒸気量を保持でき、氷点下ではほんのわずかな水蒸気量しか保有できない点です（**表2.1**）。フリーズドライという言葉もあるように、氷点下の世界は非常に乾燥しています。

▶水の持つ隠れた熱エネルギー/潜熱

水1gの温度を1℃上げるのに必要なエネルギーが1cal（カロリー）なので、0℃の水1gを100℃にすると100calです。しかし同じ温度でも氷が水に変わるためには、追加の熱エネルギーにより水分子の動きを増加させ、氷の水素結合を破壊する必要があります。相変化に関与する熱エネルギーが潜熱（latent heat）です。

潜熱とは、温度変化を伴わずに物質が状態変化するとき、その物質が吸収または放出する熱量のことです。つまり、物質の状態を、気体、液体、固体に変えるために吸収または発生する熱です。

水は液体から水蒸気（気体）への相変化には540cal/gもの熱エネルギーを必要とし、逆に、気体の水蒸気が液体の水になると540calの熱を放出します。

表2.1　気温で変化する飽和水蒸気量

気温（℃）	飽和水蒸気量（g/m³）
30	30.3
20	17.2
10	9.39
0	4.85
-10	2.14
-20	0.882
-30	0.338

水蒸気は自由に動ける水分子（気体）ですが、通常の水は、隣接する分子間の水素結合が絶え間なく形成、または切断される液体の状態です。水蒸気ほどではないですが、水も分子運動が激しいといえます。隣接する分子間で水素結合がすべて完成すると、氷になります。**図2.2**の模式図を眺めると、個々の水分子がH-O-Hの曲がった構造のため、六角形に結合した氷の水分子構造はがっちりしていて体積も増えます。こういった解説はカリフォルニア大学（UCLA）などの教科書にも掲載されています。

水の状態変化を改めて考えてみます。0℃の氷1gに80calを加えると0℃の液体に、続いて100calを加えると100℃になります。さらに540calで水を水蒸気にすることができます。固体から液体、気体に変える場合を想定すると、3相の状態変化に720cal（80＋100＋540cal）が必要です。プロセスを逆にし、大気中の水蒸気を水（雲・雨など）から氷（雪など）に変えると、合計で720calを放出します。その熱で大気は暖かくなります。

▶ 地球環境における水蒸気

熱帯では、強い太陽光によって地表の気温が上がり、暖められた空気が上昇し、北と南に向かう大きな流れが発生します。この風で暖かい空気は北緯30°および南緯30°付近の中緯度まで運ばれ、冷やされて下降し、地表付近を通って赤道に戻ります。この低緯度付近における大気の循環はハドレー循環と呼ばれます（**図2.3**）。

太陽の熱エネルギーを吸収して水は気体の水蒸気に変化しますが、この気

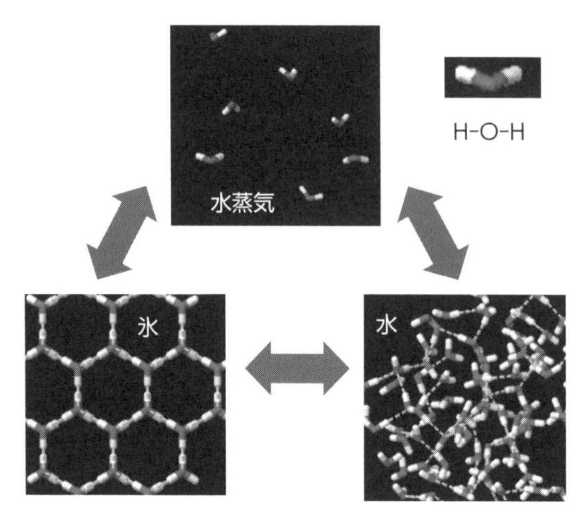

図2.2　水分子H_2Oの3相の構造模式図（ジェーソン・ウオーカー図を改変）

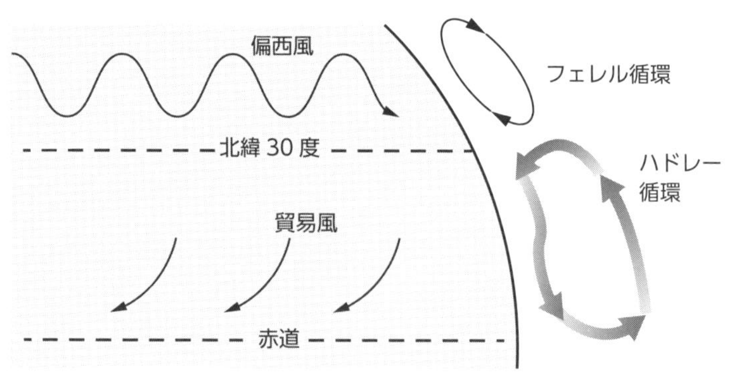

図2.3　ハドレー循環模式

化エネルギーを水蒸気が蓄積して風で移動します。ハドレー循環で、赤道付近の水蒸気は中緯度へ潜熱を運搬します。中緯度では気温が低下するので、小さな水滴や氷などに変化（凝集）し周囲の大気を暖めます。

大気の循環で、潜熱（熱量の吸収または放出）による熱の移動などで気象や気候に変化が生じます。筆者は熱帯地域を10回以上訪問しましたが夕方にスコールもあり、東京や大阪の湿気でジメジメした猛暑と比較すると極端に不快ではなかったと記憶しています。ハドレー循環によって赤道直下の熱は中緯度に運ばれ、熱帯の地表近くには比較的涼しい貿易風が流れ込みます。

▶大気は層構造

地球の大気は層構造になっていて、各層に密度の異なる様々な気体が含まれています。そのため、太陽エネルギーの吸収能力が異なります。太陽によって暖まった地上の平均気温は約15℃ですが、対流圏のもっとも高い部分では－55℃程度になります。さらに高度15km～18kmになると－55℃から－80℃程度まで低下します。一方、熱圏で高度110kmになると100℃を超える高温になります。

地面にもっとも近い対流圏を観察してみます。太陽からの日射エネルギーは地球で吸収、反射および散乱します。日射が陸や海などに吸収されて気温が上昇すると、陸上や海面の水は周囲の熱を奪って蒸発します。気温が上がると空気は軽くなるので上昇し、上空にあった空気を押しのけます。その結果、水平、垂直方向に空気が混合します。

対流圏では標高が高くなると気温が下がります。上昇して冷やされた空気中の水蒸気は、塵（ちり）・エアロゾルなど微粒子を核にして雲粒（微細な水滴や氷の粒）になります。水蒸気が気体から液体に凝結および凝集する際に熱を放出します。このように水蒸気を含む空気が上昇して雲が発生するのは、対流圏に限られます。飛行機は雲海の上を高く飛ぶことがよくあります。雲が存在する上空12,000m付近までが対流圏です。

▶オゾン層

対流圏の上には、高度50km程度まで成層圏というオゾンの生成帯があります。紫外線で分解された酸素分子は他の酸素分子と再結合してオゾンを生成します。オゾンは酸素原子３個で構成される気体で、大気全層のオゾンを仮に地表に集めて0℃、１気圧にすると厚さはわずか3mmになります。オゾン層は有害な紫外線を吸収して地表の動植物などを保護する重要な機能があります。

成層圏で高度とともに気温が上がる理由は、オゾンが太陽からの紫外線を吸収して大気を暖めるからです。成層圏に潜入したフロン類は塩素が触媒となり、オゾン層を連鎖的に破壊します。フロンは難分解性なので半永久的に残留します。フロンの製造使用の廃止でオゾンホールはかなり改善されていますが、違法なフロンの大気放出が内外で続いています。

▶ 対流圏、成層圏、中間圏、熱圏

成層圏の上、高度80km付近までを中間圏といい、その上は熱圏と呼びます。熱圏では、オーロラや流星が発光します。熱圏は太陽からのX線などを吸収するためもっとも気温が高くなります。熱圏では、窒素や酸素が太陽からのX線や紫外線を直接吸収するので、分子が激しく運動して熱を発生し気温が上昇します。このように地球の大気は、対流圏、成層圏、中間圏、熱圏という4つの層に区分されます（**図2.4**）。

▶ 隣接惑星の大気

大気中のCO_2は雨水に溶け込みます。かつて地球の大気にあったと推定される大量のCO_2は、海水に溶け込み、サンゴやプランクトンなどの骨格や殻、さらに石灰岩など炭酸塩に固定されています。地球の両隣にある金星と火星の状況はどうでしょうか。両者とも地表に生物圏や海がないため大気の95％以上がCO_2です（**表2.2**）。

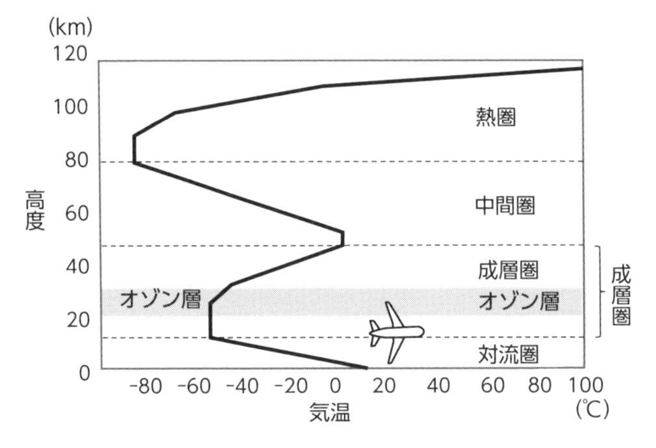

図2.4　対流圏、成層圏、中間圏、熱圏、高度と気温

表2.2　金星、地球、火星の平均気温と大気構成

	平均気温	大気構成
金星	464℃	CO_2（96%），N_2（3.5%）
地球	15℃	N_2（78%），O_2（21%）
火星	−65℃	CO_2（95%），N_2（2.7%）

もし地球に海や森林がなく水循環がなかったら、地球の大気は金星や火星同様CO_2に満ちていた可能性もあります。地球に存在する石灰岩など炭酸塩中のCO_2をすべてガスにして放出すると、金星に近い大気組成になるという研究もあるそうです。

金星の大気は約96％がCO_2で、地表の気温は400℃以上の高温です。また、火星の大気は約95％がCO_2で、地表の気温は-65℃です。生命の存在がときどき議論される火星の大気は、かなり希薄で気圧も低い上、大気組成の95％がCO_2で構成されています。

地球は、金星や火星と比較するとCO_2が微量しか存在せず、地表に循環する大気に加え豊富な水や森林があるため、気候を穏やかなものにしています。こういった視点からも地球が生命が存在できる奇跡の星と呼ばれることが理解できます。

MEMO▶ドライブでCO_2を23kg放出

東京から小田原、またはつくば山を自動車で往復するだけで約23kgものCO_2を大気に排出します。燃費16km/Lのガソリン車で往復160kmの運転をすると、CO_2が大気に約23kgも放出されます。ガソリン10L中の炭素を7kgと仮定すると、燃焼で大気中の酸素が結合して約23kgという大きなCO_2排出量になります。ガソリン10L（7kg）消費でCO_2を23 kg排出は、とても大雑把な計算ですが、日々の活動でいかに多くのCO_2が大気に出るかが理解できると思います。

- ◆人為起源の温暖化はCO_2やメタンが原因だが、水蒸気や雲も関与
- ◆大気中において水３相の状態変化により720cal/gの熱が放射または吸収
- ◆X線や紫外線を高層大気が吸収し、地表で水蒸気やCO_2が発熱し温室効果
- ◆地球は水圏や生物圏（森林など）、大気圏の存在で人が住める環境が成立

2.2 水の科学

事業所の排水システムにも応用できる河川の基礎知識について解説します。最近の異常気象による豪雨では、小河川でも想定を超えて豹変（ひょうへん）します。膝上程度の水深でも人は立っていられず転倒し流されてしまいます。水の深さが1mもないような場合でも頑丈な自動車が激流に呑（の）まれ、簡単に押し流され犠牲者が出ることも珍しくありません。その理由として、「流水スピードが高くなると運搬可能な最大荷重は流速の3〜4乗に、運搬可能な最大粒径（直径の大きさ）は流速の6乗にも達する」ことをご存じでしょうか[*1]。さらに濁流に大量の土石や流木が混ざると破壊力がかなり増すといわれます。

一般的に河川の流速や流量は、流域の降雨量、河床勾配など、河川形状や地形、河川を構成する地質や構造物、さらに風力などによって複雑に変化します。工場や事業所の敷地内の排水路や放流河川などを注意して観察すると、侵食、運搬、堆積という河川3作用がみられます。そこで、洪水を含む河川の基本知識について情報提供したいと思います。

▶ 首都圏を洪水から守る利根川と巨大遊水地

近年、異常気象が引き金になって、米国でも巨大なハリケーンが頻発し、日本でも記録的な豪雨や台風が発生し列島を何度も襲っています。そこで利根川水系の洪水と渡良瀬遊水地を例にして解説します。

人口176万人以上が住む116km^{2}のゼロメートル地帯[*2]を抱える首都東京を守るため、江戸時代から先人たちが知恵を出して築いた様々な洪水対策があります。利根川の東遷（とうせん）と遊水地がその一例です。

利根川の支流に鬼怒川（きぬがわ）があります。テレビや新聞などで全国報道された茨城県常総市の2015年鬼怒川水害は記憶に残る災害でした（**図2.5**）。常総市のほぼ1/3が水没し、全半壊家屋5,000棟以上の甚大な被害が発生しました。

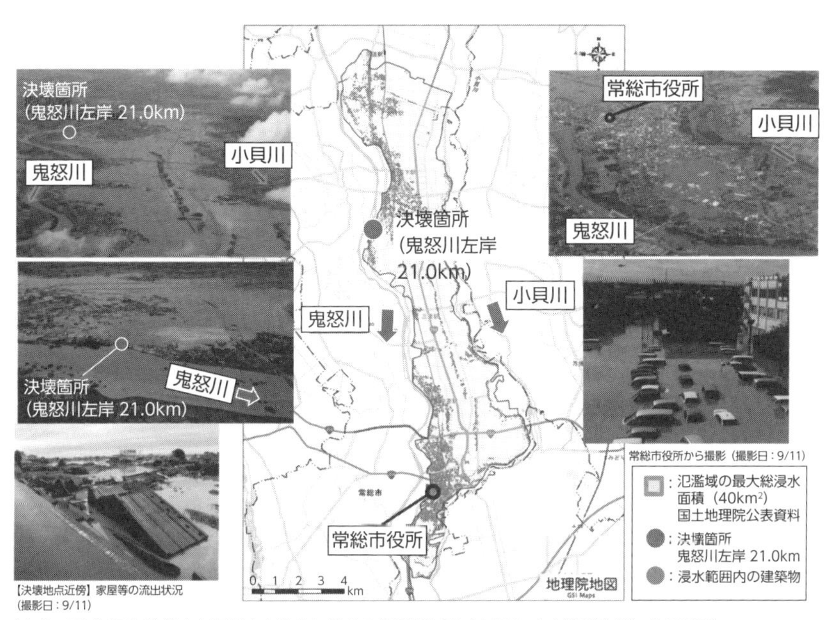

（出典：平成27年常総市鬼怒川水害対応に関する検証報告書（内閣府 中央防災会議）より引用）

図2.5　常総市の浸水（東西幅3km～4km）

▶ 中流氾濫の原因はボトルネック

1947年9月のカスリーン台風では、関東内陸が広く浸水し、2,000人近い死者が出て38万戸超が浸水しました（**図2.6**）。江戸時代、利根川主流の流路を、従来の東京湾でなく太平洋側（千葉県銚子）に人為的に変えたため、東京都心は下町低地を除き洪水から逃れることができました。

今日、誰でも無料で入手可能な航空写真やハザードマップ、地形図などを眺めると、2015年9月の関東・東北豪雨による鬼怒川水害も発生の可能性が予測できます。河川勾配は、上流側では下流に向かって300mごとに河川標高が1m程度下がる。つまり勾配が1/300ですが、茨城県の下館付近になると勾配が1/1,200と急激に緩くなり、洪水が発生した地区より下流ではさらに勾配が1/2,500と、ほぼフラットな低地になります*[3]。

利根川支流の鬼怒川は、栃木県の宇都宮・真岡付近よりも下流にある茨城県の川幅が狭くなり、ボトルネック状になった分、水位は高くなり水量が増

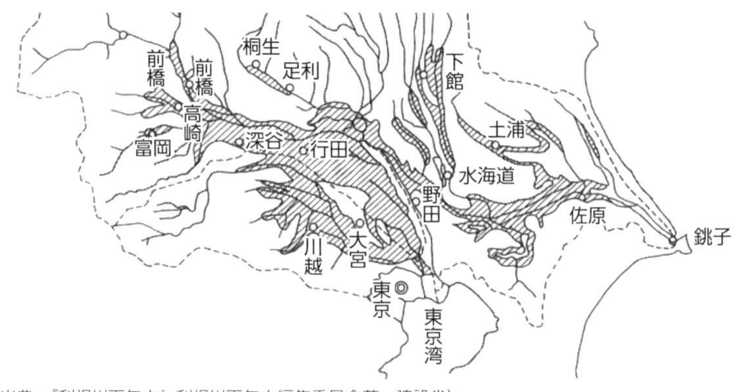

（出典：『利根川百年史』利根川百年史編集委員会著、建設省）

図2.6　カスリーン台風洪水浸水区域図

加して氾濫しやすくなります。上流の宇都宮や上三川付近で800m前後あった広い川幅が、利根川に合流する下流域になると100m～200m程度に狭くなります。河床や河岸も砂利主体から細砂やシルトが卓越する地質に変化し、最下流部は、江戸時代に低い台地を人工的に掘削した運河になっています。このように常総市の洪水はボトルネックの影響によって狭い出口の手前で流水の大渋滞が発生し、溜まった水塊が堤防を越えてあふれだしたのです。なお、太陽光発電のため自然堤防を高さ約2m削った部分があり、そこからも越水しました。しかし、削られる前の自然堤防より川の水位は70cmも高くなっていたことが後日判明しています。

▶ **東京湾に流入していた利根川**

地球温暖化が続けば極圏の氷雪が溶けて、わずか100年、200年先には3m～4mの海面上昇があり得ます。一方で、今から約2万年前には、地球レベルの氷河拡大で海面が大きく低下していました。大量の水が氷期の寒さで氷や雪になったため、海水が劇的に減少したのです。東京湾はすべてが陸地になって、古東京川という川が中央部を流れていました。その上流には、荒川と合流する利根川があり、利根川支流の渡良瀬川も、現在の中川沿いに流れて古東京川に合流していました。

江戸時代には1786年、1802年などの大洪水でカスリーン台風同様に河川堤防が決壊し、氾濫流が江戸を襲っています*4。利根川の東遷（河川の流

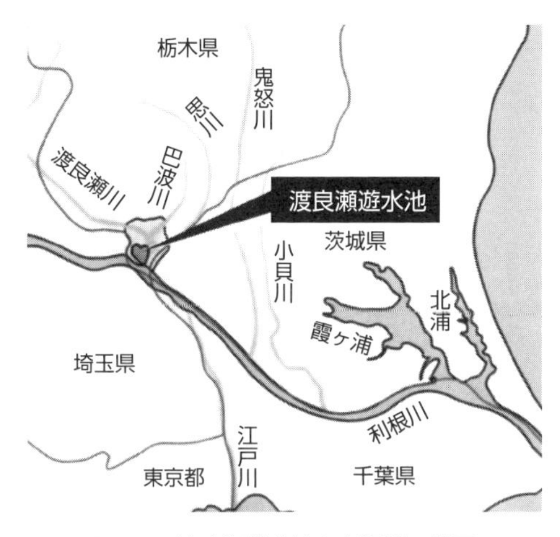

図2.7　渡良瀬遊水地と利根川の位置

れを東に向ける瀬替え）は本来、舟運の水路開発という目的でしたが、結果として江戸を守る洪水排水の機能が発揮されるようになりました（**図2.7**）。

▶ **東京を守る渡良瀬遊水地**

渡良瀬遊水地の現地掲示板によると、足尾銅山の鉱毒被害を下流域に拡大させる原因は洪水と判断した明治政府が、渡良瀬遊水地の設置を決定したとされます。遊水地は周囲が約30kmという巨大な人造湖です。図2.7に示す渡良瀬川、巴波川、思川が合流する地点は台風や豪雨などで洪水が頻発するため、遊水地となる運命にあったようです。最終的に1990年には多目的貯水池（ハート形の第1調節池）が整備され運用を開始しています（**図2.8**）。この日本最大の遊水地には洪水から首都圏を守る役目があります。

▶ **河川の3作用と河川流量**

河川の上流では侵食作用、中流では運搬作用、そして下流では堆積作用が強まることを、多くの方は小中学校時代に学習していると思います。海に隣接する河口付近では、流速が落ちて水中の懸濁物質が徐々に沈殿して、デルタ地形が造られることがあり、沈殿物は圧密作用で次第に固化します。平常時は運搬される土砂の堆積量と、堆積物の圧密による沈下のバランスが取れていて、見た目には外見の変化がほとんどありません。台風や大雨になると河川の運搬力が急増し、上流から堆積物が押し流されて、より多くの土砂が河口に流されます。遠浅の海に流れ込んでいるケースでは、大きなデルタが形成されます。次に侵食、運搬、堆積、および河川流量の計算について簡単に解説します。

▶ **侵食**

山岳地帯の谷川には、周囲の風化や大小の土砂崩れによって砕屑物が常に

図2.8　現地の渡良瀬遊水地案内板

供給されます。Ｖ字谷の両岸にある岩盤や岩石も、わずかな隙間に雨水が侵入し、厳冬期に凍って岩の亀裂を拡大させ崩壊させます。水は高度差に応じた位置エネルギーを持つので、高い方（上流）から低い方（下流）に向かって流れます。河川勾配が大きいほど侵食力や運搬力は高くなります。流水に岩屑（がんせつ）が含まれると、それらが研磨剤の働きをして侵食力が高くなり硬い岩盤も容易に侵食します。甌穴（おうけつ）（potholes）や滝壺は、渦の力（乱流）で回転する小石などレキが壺状の深い穴を形成したものです。

一般的に、流速の２乗に比例して侵食力が高くなります。濁流が発生すると護岸や橋梁に対する破壊力が増し、そのパラメーターは流速と流量です。例えば、河川の流れが３倍になると９倍の侵食力になります。

物理的な侵食のみならず、化学的な溶解作用もあり、石灰岩などは水に容易に溶けて地下に巨大な鍾乳洞（しょうにゅうどう）などをつくります。実際、ナイアガラ滝は毎分60tもの水に溶けた岩石の成分を下流に流しています。

▶ 運搬

粘土やシルトなど細粒物質は浮遊して下流に運ばれ、流速が大きくなると河床の土砂も移動します。小石は転がったり跳ねたりして河床に沿って移動しますが、河川の運搬能力は流速と流量に応じて増加する傾向があります。河川が運搬する粘土などの懸濁物質（水の濁り）が全体の約90％を占めるといわれます。

洪水などで河川の流速が増すと、想像を絶する威力を呈し、例えば米国ユタ州では洪水の濁流で90tもの巨岩が8kmも流された記録があります。冒頭でも触れたとおり、運搬可能な最大荷重は流速の3〜4乗に、運搬可能な最大粒径は流速の6乗にも達します。

▶ 堆積

河川の流速が徐々に減少すると、河床に砂の層（砂レキ堆）を形成します。そして洪水のたびに砂レキ堆は下流へ段階的に移動し、下流では流速が遅くなるので、細砂やシルトなどが河床に沈殿します。上流から下流まで流速によって運搬物質のふるい分け（分級）が行われ、一般的に粒度は粗粒（砂利）から細粒（細砂・シルトや粘土）に変化します。

▶ 河川の流量

河川の流量は単位時間あたりの移動水量で、次の式であらわされます。

$$Q = W \times D \times V$$

Qは流量discharge、Wは川幅width、Dは水深depth、Vは流速velocity

この単純な式Q＝W×D×Vはcontinuity equationと呼ばれます。

「W川幅×D水深」は河川断面積を示します。これをベースに考えると興味深いです。水道の蛇口やホースの出口を手で押さえて半分にすると、水の勢い（流速）は倍になり、蛇口やホースの出口は河川の断面（川幅と水深）に該当します。

流れの途中で川幅が狭くなると水深が大きくなり（水位上昇）、これには鬼怒川のボトルネック構造の例がほぼ該当すると思われます。河川の途中で川幅が狭くなり水深も減少すると、上流からの流量を維持するために流速が早くなります。

河川の上流は川幅も水深も小さい数値になるので、流速が早くなり、流速が早くなると浸食力が強くなります。このような基本原理は河川現象を理解するのに役立ちます。

例えば、事業所の雨水排水システムも、排水口を落ち葉がふさぐケースや、水路に底泥や異物が溜まると断面積が狭くなり豪雨で越流など障害が生じます。倉庫の製品や半地下にある機械設備が水害を受けることもよく耳にします。水路の途中に溜枡（ためます）を設置して砂利や泥などをトラップするなど工夫も必要で、日頃の清掃や点検などの管理が一層重要になります。

MEMO▶カスリーン台風

カスリーン台風（1947）は浸水38万棟以上、40万人を超える被災者を出しました。利根川は埼玉県栗橋北部で9月16日に破堤しましたが、その氾濫流は東京湾へ向かって流れ、旧利根川（自然流路）をなぞるように東京方面へゆっくり流下しました。利根川河道の先祖戻り、里帰り現象が発生したのです。フラットな地形のため氾濫流は埼玉県から東京都の金町・亀有を経由して小岩、平井、船堀に到達するのに5日間もかかっています。

＊1　新版地学教育講座９ 地表環境の地学― 地形と土壌、地学団体研究会編、東海大学出版会、p32、1994

＊2　三大湾におけるゼロメートル地帯、洪水・高潮氾濫から大規模・広域避難検討ワーキンググループ、2016年9月13日

＊3　台地に沿う鬼怒川・小貝川中流の地形発達、松本至巨、池田宏、筑波大学水理実験センター報告、No. 21 51 ～ 59、1996

＊4　日本の川、高橋豊、大森博雄、岩波書店、1995

- ◆運搬可能な最大荷重は流速の3～4乗に、最大粒径は流速の６乗に比例
- ◆河川の流速や流量は、流域の降雨量、河床勾配など河川形状や地形、河川を構成する地質や構造物などによって複雑に変化

2.3 土壌汚染と不動産リスク

土壌汚染対策法（土対法）では、対策措置として覆土や舗装が規定されています。工場跡地をマンション建設用地に売却することになった場合に、①マンション建設で発覚した土壌汚染は法に規定される敷地表面の舗装だけで解決できるか、②「汚染の可能性が低い」などと記載したリスク評価報告書に関して売主の責任はあるのか、さらに③自然由来のヒ素は瑕疵（かし）担保の対象外であり掘削除去せずに「原位置封じ込め」で問題はないか、という疑問がありました。

実際の地裁判例を引用して、こうした紛争について解説します。なお、民法改正に伴い、2020年4月1日以降は、瑕疵担保責任が「契約内容不適合」といった概念になっています。

最初に土壌汚染の基本知識を整理して確認します。後半では公開されている汚染土地に関する裁判例を分かりやすく解説します。

▶ 土壌汚染の特徴と経緯

土壌汚染は有害な化学物質によって生じます。主たる原因として、タンクや配管からの漏洩（ろうえい）、溶剤などの取り扱い不注意、不要物の埋め立て、搬入した汚染土による盛土・埋め戻しなど人為によるものが多いようです。汚染土地と知らずに売却した、購入してしまった、という事例もあります。土地の賃貸借関係でも、工場を閉鎖して地主に土地を返却したところ土壌汚染があるといわれ、浄化費用を請求される事例は珍しくありません。

大気や水域の汚染であれば、そのバックグラウンドは比較的均一で、窒素ガスや水といった既知の物質で構成されています。一方、土地の汚染となると土砂や粘土シルトなど地質の組成は複雑で性状も均一でなく、地下水挙動も複雑です（**図2.9**）。中には自然由来の汚染や建廃などの埋設物も存在します。

▶ 重金属とVOCの汚染

土壌粒子が微細なシルトや粘土鉱物になると、吸着性により汚染物質が地

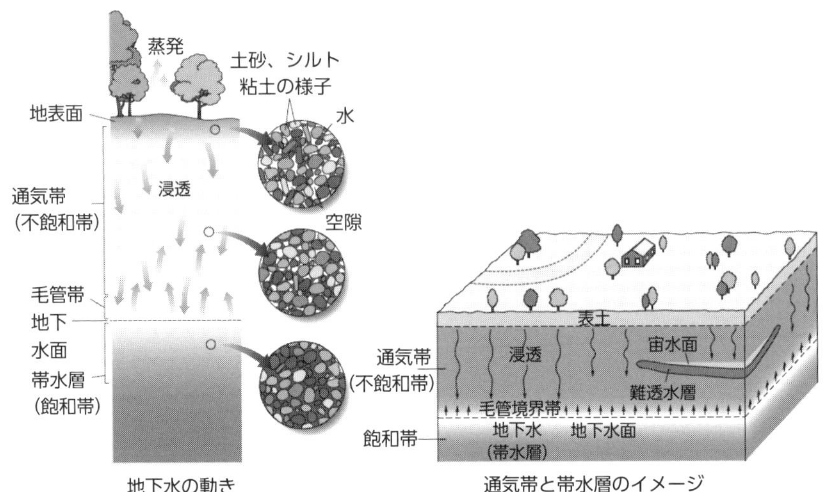

図2.9　地下の構造は複雑

層中で移動（脱着）しにくくなります。とくに重金属は土壌粒子や粘土鉱物と結合しやすいため、表層に留まる傾向があります。そのため六価クロムを除き、地下水汚染を引き起こす可能性はそれほど高くないといわれます。

一方、自然由来で元から地層に存在しているヒ素や鉛などの有害物質もありますが、人為由来の揮発性有機化合物（VOC）の多くは、水に溶けにくい、土壌に吸着しにくい、土壌中で分解されにくいなどの性質があります。さらに大半のVOCは浸透する雨水より比重が大きく粘性が低いことから、地下に漏洩すると地下深部に移動拡散して、地下水汚染も引き起こす可能性が高いといわれます（**図2.10**）。

▶ 大気や水と異なる土壌汚染リスク

大気であれば、人は呼吸により大量の空気を肺に取り入れます。1日にペットボトル2万本分（1.5万～2万L程度）に相当する量です。水道水や飲用の地下水なども生命維持に不可欠ですが、人は毎日2L～2.5Lの水を摂取しています。したがって空気や飲み水が汚染されていたら大変な事態になります。

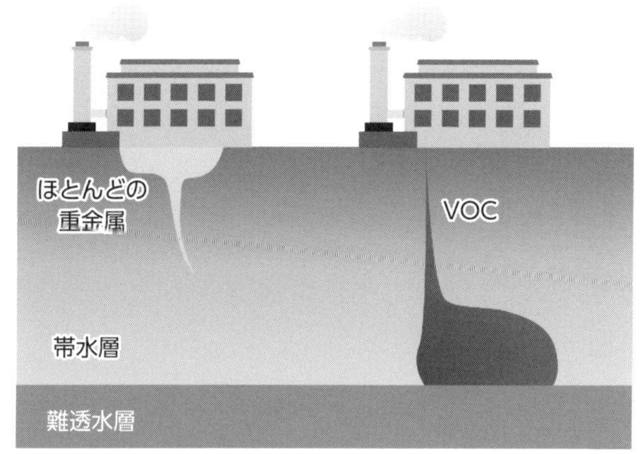

（出典：環境省の資料より作成）

図2.10　重金属とVOCによる土壌汚染の特徴

一方、土壌は通常、食されることはなく、都会人は土に触れることさえ稀（まれ）です。人の生死にかかわる土壌リスクを冷静に検討すると、地下水汚染（飲用井戸）を除けば農作物の二次汚染によるばく露が想定されます。カドミ米と汚染された飲用水によるイタイイタイ病（1968年）のような悲惨な被害がありました。稲は地中のカドミウムを吸い上げて玄米の中に蓄積します。そこで日本では農用地に関する法令（農用地土壌汚染防止法）が1970年に制定されました。

▶ 成功した農用地の土壌汚染対策

農用地土壌汚染防止法（農用地の土壌の汚染防止等に関する法律）の目的は、「農用地の土壌の特定有害物質による汚染の防止及び除去」ならびに「その汚染に係る農用地の利用の合理化を図るために必要な措置を講ずること」です。

規制物質のカドミウム、銅およびヒ素に関して、基準値を超えた汚染があると対策地域に指定され客土（土の入れ替え）などの対策事業を実施します。例えば、カドミウムにかかる対策地域の指定要件について、玄米1kgにつき0.4mgを超える地域またはそのおそれの著しい地域になっています。汚染土の除去や客土には巨額の費用がかかりますが、その対策費用は原因者が責任に応じて負担します。イタイイタイ病のカドミウム汚染では、

33年にわたる汚染土壌の入れ替えなど農地復元の費用407億円を原因企業の三井金属鉱業や国、県などが分担しています。

▶ 一般土地に関する規制

市街地の土壌汚染は規制がありませんでした。しかし、工場跡地などの汚染発覚が契機になり、新たに法律が2002年に創設されました。当時は重金属汚染に加え、電子電機業界などで脱脂洗浄やドライクリーニングなどで利用されたTCEなどVOC（廃液）の不適切管理により、各地で汚染問題が勃発し社会問題になりました。当時乱立した産廃焼却炉では、ダイオキシン類が非意図的に生成され、周囲の土地を汚染する原因となりました。

最近でも、焼却炉跡地や焼却灰の埋立跡でダイオキシン類や重金属類が検出されることがよくあります。そうはいっても、土壌汚染が直接原因で健康を害し犠牲になるようなケースはありません。健康被害の有無に関係なく、法規制は調査対象を着実に拡大して事業者側（土地所有者など）の負担を増やしています。その一方、土地の売買契約では、土壌汚染が各地で問題になっています。最近の裁判を傍観すると、土壌汚染に起因する健康被害の訴訟はほとんどありませんが、不動産売買の争いはかなり多いといえます。

▶ 土地取引

改正民法が2020年4月から施行され、「瑕疵」（隠れた土壌汚染など）が「契約不適合」に変わりました。これは最高裁の判例（平成22年6月1日および最高裁平成25年3月22日判決）で、「瑕疵」の実質的な意味を「契約の内容に適合しないことである」と解釈したからです。実質的に大きな変更はないということですが、契約不適合責任では、引き渡された目的物がその種類、品質または数量に関して契約内容に適合しているか否かが問題になります。契約関係にない第三者に汚染土地が転売された際に、しっかり再契約しないと新たな紛争が生じることもあるようです。

土壌汚染が発覚し、法で定めた基準を超過すると、契約上「不適合」になる可能性があります。そこで、最近の土地売買で土壌汚染が争点になった東京地裁判決をベースにわかりやすく解説します。

▶ ケース1　基準値を超える六価クロムの汚染

工場跡地などにマンションを建設すると、汚染が顕在化することが多いです。東京地裁判決（平成29年5月19日）を参考に事例を解説します。

（1）概要

原告Ａは東京千代田区の土地を６億円で取得し、分譲マンションを建設するため、既存建物の基礎を解体しました。その際に土壌調査を実施したところ、六価クロム溶出量が土壌汚染対策法の基準を超過し、追加調査でも、他の地点で六価クロムの基準が超過しました。そのため汚染土を業者に依頼して処理し、その費用約730万円を原告Ａは売主Ｂに「瑕疵（瑕疵担保責任）に基づく損害賠償」として支払いを求めて提訴しました。

これに対して売主Ｂは、①瑕疵を発見してＡがただちに通知（商法526条２項）をしていないから責任はない。さらに、土対法の規定通り②表面を舗装すれば直接摂取の健康リスクがなくなり、地下の土壌汚染は瑕疵に該当しない、などと反論しました。なお、法改正によって通知規定（商法526条２項）には大きな変更はありません。

（2）裁判所の判断

両者の主張に対して裁判所は、基準超過した土壌汚染を「隠れた瑕疵」に該当すると判断し、原告Ａの主張を認めました。買主Ａが①ただちに通知をしていなかった事実（商法526条２項に抵触）に関しては、売買契約書において「隠れた瑕疵があったときは、本件土地の引渡しから１年間に限り、売主は瑕疵担保責任を負う」との合意が優先されます。また土壌汚染という瑕疵が存在したことにより、購入土地の完全な利用ができなかったことも裁判所は認めました。

反論②に対して裁判所は、マンション用地の土壌に健康リスクのある六価クロムが含まれている場合には、敷地を舗装しても分譲することは困難であることは明らかとし、売主Ｂの主張を否定しました。本件の土壌汚染は科学的な測定によって初めて汚染の存在を知ることができるものなので、「通常の人が通常の注意を用いても発見することができないものというべき」（いわゆる「隠れた欠陥」）との判断を裁判所は示しました。

▶ケース２　売主の法人ａを吸収合併した会社Ｙの責任

汚染リスク判断を曖昧にしていたことが後日問題になった事例を、東京地裁判決（平成29年5月19日）を参考にして解説します。原告の廃棄物処理業Ｘは事業拡大のため用地を探していたところ、候補の土地をやっと探し当てました。「土壌汚染が存する可能性は低い」という調査書（指定調査機関が作成）を売主側から受けとり安心しました。買主Xは、土壌汚染のないことを前提とする価格だと思って土地を購入したわけです。

しかし、引き渡しを受けたあとの自主調査によって土壌汚染が判明したのです。そのため調査や浄化費用、逸失利益など約２億円の支払いを売主Y社に対して請求しました。裁判所は買主Xの主張には理由がないとして請求を棄却しました。判決を不服とした買主Xは控訴したものの、控訴審でも棄却されています。納得できない読者も多いと思うので少し詳しく説明します。

（1）事件の概要

売主の法人a社は、水濁法および土対法に定める特定有害物質を使用する化学工場を経営していましたが、有害物質使用特定施設の使用を取り止めたとして、b市に水濁法に基づく届出をしました。土対法の施行以前だったため土壌調査は実施しません。その後、工場を解体しましたが、敷地面積は土対法に定める基準未満なのでa社はb市への届出義務がありません。

工場跡地を入札方式で売却することになり、買主Xが応札しました。なお、入札要綱には①売主はフェーズ１調査（地歴調査）しか実施しておらず、後日、調査・対策工事の必要が生じる場合があることを買主は容認すること、②売主は「隠れた瑕疵」にあたる土壌汚染の瑕疵担保責任を負わないこと、を応札条件としました。

その後、買主Xは「土壌汚染リスク評価報告書」（以下「本件報告書」）を受領しました。本件報告書には、「本件土地に土壌汚染が存する可能性は低いが、否定はできない」旨の記載がありました。これを受けて買主Xは、a社に対してさらなる調査を求めたが、a社はこれを拒否。その後、買主Xとa社との間で本件土地の売買契約が「入札要綱」記載どおりの条件で締結され、買主Xは土地の引き渡しを受けました。その後、Y社が売主法人a社を吸収合併しています。

買主Xは、近隣土地所有者からの聴取内容などから土壌汚染があるとの懸念を抱き、フェーズ２（表層調査）、翌年にはフェーズ３調査（ボーリングによる深度調査）を行ったところ、本件土地の一部から基準超過の特定有害物質が複数検出されたのです。そこで買主XはY社にその浄化費用など２億円の支払いを求めました。その根拠として、Y社側に本件土壌汚染にかかる調査説明義務や汚染除去義務があったと主張しました。裁判所はどのような判断をするのでしょうか。

（2）裁判所の判断

裁判所は次のような理由により買主Ｘの請求をすべて棄却しました。使用履歴により検出された特定有害物質の一部は、工場を操業していたａ社が汚染原因者である可能性はあります。しかし、使用状況や汚染程度などから、売主は土対法の基準を上回る汚染が工場に存在していたと認識していたとはいえず、容易に認識できたともいえません。また、売主が土対法上の土壌汚染調査義務を意図的に回避した事実も認められなかったのです。

買主Ｘは、本件土壌汚染が存在したことなどをもって、本件報告書の信用性は否定される旨の主張もしていますが、仮に信用性が薄いというのであれば、本件売買契約を締結しないとの判断をすればよかったわけです。本件報告書を売主側が交付した意図は、その信用性も含めて購入希望者の判断に委ねるというものです。また、本件報告書は土対法の指定調査機関が通常の調査手法で作成したものであり、Ｙ社側が買主Ｘの求めた追加調査に応じなかったことが債務不履行や不法行為にあたるともいえません。

買主Ｘは、土壌汚染のないことを前提とする価格で土地の引き渡しを受けたものであると主張したのですが、買主Ｘは本件報告書などにより、土壌汚染が存在するリスクを認識しつつ、売買契約を締結したと認められることから、価格の点でもＹ社側に債務不履行や不法行為があったといえません。

以上のとおり、本件土壌汚染は、買主負担となるリスクとして本件売買契約の前提とされた本件土壌汚染リスクがまさに顕在化したものであって、Ｙ社側において本件土地に公的な基準値を超えるような土壌汚染があると認識していた、または容易に認識し得たとは認められず、かえって買主Ｘは、本件報告書などから本件土壌汚染リスクを認識した上で、自らの判断で本件売買契約を締結したと認めることができるため、その主張には理由がない。このように裁判所は判断したのです。

▶ケース３　自然由来の汚染なら除去などの必要なし

東京地裁判決（平成28年11月25日）を参考に、自然由来の汚染に関して売主に対する除去費用の請求が認められた事例を解説します。マンション建設のため土地を購入した買主が汚染除去費用を請求しました。しかし売主は「自然由来の汚染」を理由に除去などの必要はないとして争ったのです。

（1）概要

建設と不動産業を営むX（原告）はYから3億円で土地を購入し、売買契約書には以下の特約がありました。

①買主のXによる土壌汚染調査を売主Yが承諾すること

②調査の結果、基準超過の汚染があった場合にはYが引渡日までに土壌改良または土壌の除去によって基準以下に浄化してから引き渡し、費用が5,000万円を超える場合には協議し、協議が整わない場合は契約が解除できること

③隠れた瑕疵があったとき、または第三者から故障の申し出があったときは、Y側が全責任を負ってこれを引き受け処理すること

その後、瑕疵担保責任について、売主Y側の責任期間を引き渡しのときから2年に限り、土壌汚染（隠れた瑕疵）についてY側の負担上限額を5,000万円とする変更契約を定めました。その後、土地を購入したXはマンション分譲会社Zへ土地を転売。Zからヒ素が発見されたと報告を受けたXは売主Yと協議したが、Yは土壌汚染対策の必要はないと主張。しかしマンション分譲会社のZは、土壌汚染対策費用として3,000万円をXに請求しました。そこでXは同額を売主のYに請求しました。Yが請求に応じられない旨回答して支払いを拒否したため買主Xは提訴したのです。

（2）裁判所の判断

被告である売主Yは、売買契約書で自然由来のヒ素は瑕疵担保責任の対象外であり、ヒ素の溶出量はわずかなもので掘削除去でなく原位置封じ込めなど安価な対策を講じることができたなどと主張。しかし、裁判所は次の理由により買主Xの主張を全面的に認めました。

自然由来の土壌汚染に関して、買主Xは不動産取引について相応の知識を持つ売主Y側に対し、①自然由来のヒ素が出る可能性があるので調査が必要なこと、②ヒ素が発見された場合は条例に抵触し残土の処理費用がかさむことを説明し、①と②の説明を前提にして対策費用と瑕疵担保条項をXとYが協議したと認定しました。

当該土地が所在する市では、土対法を指導基準としているところ、平成22（2010）年の改正によって汚染土壌の搬出、運搬ならびに処理に関する規制が創設され、平成22（2010）年改正以降は、その規制対象を自然由

来の有害物質かどうかによる区別をしない、つまり自然由来の土壌汚染も規制対象になったため、瑕疵担保条項において、Ｙが主張する自然由来のヒ素を除外する趣旨であったとは認められない、と認定しました。

原位置封じ込めなどの別の対策ができたと売主のＹ側の主張に関して、マンションの基礎工事では大量の掘削土を場外に搬出する根切り工事が必要であり、Ｙ側が主張する対策は現実性がないと判断しました。なお、原位置封じ込めイメージを**図2.11**に記します。

▶ 事例に対するコメント

ケース１とケース３は土対法の改正内容や関連法令、汚染土地の取引事例を理解していれば本来生じなかった争いです。敷地表面の舗装や覆土、原位置封じ込めをしても汚染土地に変わりはありません。将来の規制強化や風評損害（スティグマ）もあるので、汚染土地に建設したマンションは販売しにくいことは自明です。

ケース２の例では、買主側が土対法など関係法令、それらの解釈や運用を十分理解せず、「土壌汚染リスク評価報告書」や「入札要綱」を第三者の視点を踏まえて事前にしっかり把握していなかったことが紛争の原因と考えられます。無論、原告側はそのように認識しないから裁判になっています。

いずれにしても、購入前に土壌汚染の本格的な調査を実施していれば、裁判や損失を回避できたと思われます。土壌汚染に関係して参考になる地裁判

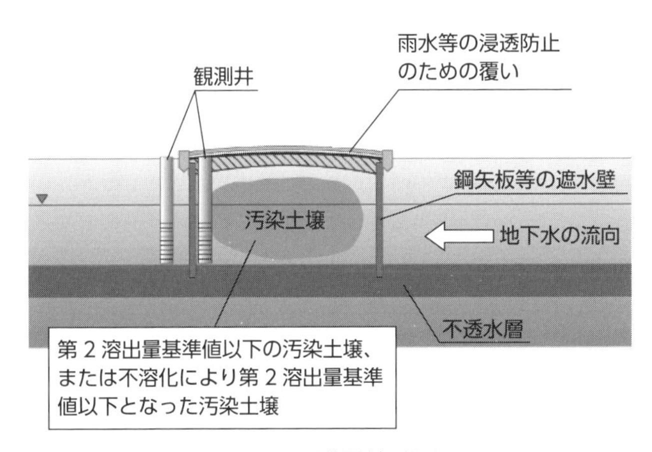

図2.11　原位置封じ込め

例を次に紹介します。

○売主が土壌汚染を完全に除去する義務を負っているとは認められないとして買主の請求を棄却し、売主の請求を認容した事例（東京地裁 平30・2・23）

○土壌汚染や地中障害物に係る紛争において、売買契約の特約等により売主の責任が認められた事例（東京地判 平29・10・3）

○自然由来のヒ素について買主の契約解除を認めた事例（名古屋高判 平29・8・31）

▶買主側の注意義務

筆者は、米国ニューヨークに長期滞在したときにウォールストリートに面したアパートに住んでいました。その時期に法令や判例も学び、授業でラテン語「caveat emptor」の語感が印象的だったので今でも覚えています。英米法の「買主が注意せよ（caveat emptor）」という概念は200年以上前に確立した売主無責任原則で、馬の売買が契機といわれます。売主が馬を安い値段で売ったが、引き渡し後に病気が判明しても買主は売主に対してクレームをつけることができない、といった原則です。

MEMO▶契約不適合責任

民法改正で瑕疵担保責任がなくなり「契約不適合責任」になりました。その際に、従来の瑕疵担保責任における買主の権利は損害賠償請求権と契約の目的を達することができない場合の契約解除権の2つでしたが、契約不適合責任では、追完請求権と代金減額請求権が加わりました。買主の請求権が4つになったわけです。追完請求には①修補請求、②代替物請求、③不足分請求があります。つまり、不適合を改めて完全な給付をすることです。例えば、欠陥住宅なら目的物の修補が該当すると思われます。買主が①～③の追完請求をして、追完が不能などの場合は催告なしにただちに減額請求ができます。追完、減額、契約解除の各請求は原則としていずれか1つ選択することになります。

買主は事前によく馬を調べてその病気を見つけなければならず、購入した以上は、仮に病気にかかっていたとしても売主に対し損害賠償の請求はできません。一方、馬が健康で病気でないと明示的に保証した場合は、売主の債務不履行（保証契約違反）を主張できます。不動産や物品を購入する場合は、隠れた欠陥がないか十分に吟味して購入する必要があります。

欠陥が後日判明した場合の取り決め（特約）、そのリスク相応の事前の価格設定なども必要とされます。工場跡地などが売買対象なら、土対法の指定調査機関や環境に詳しい弁護士など信頼のおけるベテランの専門家を活用することが不可欠になっています。

土対法の法定調査では調査区画や深度ルールなど制限があり、未調査の部分が必ず存在します。健康リスクだけに注目している土対法には限界があります。後日になって隠れた汚染や未規制物質が発見される可能性もあります。実際、土壌汚染調査の法的義務を負わない土地が非常に多く、逆に法に基づく対策をせずに安全に土地利用できるケースもあります。しかし、転売などで土地の利用方法の変更や土地の形質変更等がなされることもあるので、法改正や判例の動向も常時フォローする必要があると思います。

- ◆ 市街地の主たる土壌汚染は重金属と揮発性有機化合物（VOC）
- ◆ 民法改正に伴い、土地の瑕疵担保責任は「契約内容不適合」
- ◆ 土壌汚染のトラブルは関連法令と裁判事例を事前に学ぶことで予防可能

2.4 生物多様性

仮定の話ですが、A製紙会社ではCO_2排出をオフセットするため北米で大規模な植林をしています。ここ数年、シカが異常に繁殖して樹木が食害を受けています。海外の自然環境コンサルタントから、「カナダからオオカミを購入して森林に放してシカを減らしてみてはどうか」とアドバイスを受けました。「とんでもない、どう猛なオオカミが人や家畜を襲う」と一蹴しました。読者の皆さんはどう思われますか。

▶ 人間に駆逐され絶滅したオオカミ

冒頭で述べたオオカミはかつて日本のあちこちに群れをつくって住み、シカやウサギ、ノネズミなどを食べて暮らしていました。明治時代にオオカミが絶滅してからシカが過剰に繁殖してしまい、現在も山道沿いや低山でかん高い警戒音を発するシカの群れを頻繁に見かけます。

2018年度統計によると、シカの農業被害額は約54億円になり野生動物の食害全体の実に34％を占めています。食害を受けた農地全体の69％がシカによる被害です。ウサギや野ネズミによる農作物の被害も増加しています。一方、樹木の被害も深刻な状態になっていて、シカは植林した木の樹皮を無残に剥ぎ取って食べるため樹木が枯れてしまいます。貴重な植生も場所によってはシカの食害でほぼ全滅した例もあります。

米国で人気のあるイエローストーン国立公園では、シカが過剰に増加して植生の食害が発生していました。水辺の植物も食害で減少したため、小川は侵食が進み岸辺が崩落。そこでシカの捕食者として米国でほぼ絶滅していたオオカミを、1995年から公園内（原野や自然林）に放しました。最近では、イエローストーンに100頭以上のオオカミが生息し、シカも半減して生態系が本来の状態に戻りつつあります。獣の頂点にあるオオカミは、シカなど野生動物を食い尽くすことはなく、バランスを適正に維持しているようです。シカの食害が減って、ヤナギなどの植生が回復したのでビーバーなどのコロニーは、以前の絶滅状態が健全になっていると聞きます。この例でも生物多様性の重要性が理解できます。

オオカミは北海道各地にも群れをつくって住んでいましたが、移住者が増え、牧場の家畜を襲うようになったために大量に殺され1890年代にエゾオオカミは絶滅しました。ニホンオオカミも1905年に絶滅しています。

こうした話は、我々の日常生活や企業の経営に影響はないと単純に考えてよいのでしょうか。生物多様性は絶滅危惧種を保全することだけではありません。実は、企業のサスティナブルな環境経営や社会の持続可能性と密接に関係しています。

生物多様性分野のビジネス面では、異業種や異分野間での連携や技術協力などにより従来の枠を越えた新たなパートナーシップによるイノベーションを見出すチャンスもあります。世界のあらゆる地域の何十億もの人々が、食料、医薬品、エネルギー、生活の収入、その他多くの目的で、約５万種の野生種を利用し、その便益を受けています。さらに、SDGs（持続可能な開発目標）やESG（環境・社会・企業統治）投資といった国際潮流の中でも、生態系や生態系サービスの関心が世界的に高まっています。

そこで、ここからは生物多様性について基本的な考え方について広範囲に解説します。産業界と生物多様性の関係を考える上で参考になる具体的な事例や情報も提供し、欧米投資家の関心が高まっている「生物多様性」の意義も確認してみたいと思います。後半では生物多様性国家戦略（次期戦略）関連情報や頻出用語の簡単な解説なども紹介します。

▶ 生態系サービス

豊かな自然環境とそれを支える生物多様性は、人間を含む多様な生命の歴史の中で、長年にわたってつくられた貴重な財産です。そうした生物多様性は少し調べると、簡単に壊れやすく繊細なものであることが理解できます。しかも、それ自体に大きな価値があり、未来に向かって保全すべきものと考えられています。例えば、食料、CO_2の吸収と酸素の供給、気候の安定など、生物多様性を基盤とする生態系から得られる恵みによって人の社会は支えられています。これらの恵みが「生態系サービス」です。

縄文時代であれば狩猟や漁業、果実の採取など、自然から直接的にたくさんの恵みを受けていました。同様に現在も、空気、水、土壌、農畜作物、魚介類、木材といった多くの恵みを我々は享受し、山、川、海、湖沼などの自然、その景観なども生態系サービスの範疇(はんちゅう)に入ります。一方で、生態系を破壊する開発行為がなされていますが、廃棄物も大きな悪影響を与えています（**写真2.1**）。写真の現場では原状回復に700億円以上も支出されました。

▶ 財務諸表で表現できない生態系サービス

平成19（2007）年の環境白書にロバート・コスタンザという環境経済学者の記事が掲載されました。コスタンザの論文で「生態系サービス」は、貨幣価値に換算すると最高で54兆ドル、平均で33兆ドル（約4,300兆円）と見積もりました。この額は、当時の世界全体のGDPの2〜3倍に相当します。さらに、コスタンザは1997年と2011年を比較し、森林破壊などの土地利用変化で失われた生態系サービスの金額を4.3兆〜20.2兆ドルと2014年に見積もっています。その根拠としていくつか具体例を挙げてみます。

熱帯雨林やツンドラなどの森林が光合成によって酸素を大気に供給、森林の保水機能（緑のダム）、河川や湖沼の水資源、傾斜地の植物群落が災害の被害を緩和、窒素など栄養塩の循環、微生物や昆虫などによる死骸や落葉などの分解、害虫の捕食、食料の供給、木材や紙の提供、ペニシリン（青カビ）やキニーネ（キナノキ）のような薬の素材、観光やレクレーションの場など、すべて金銭に換算して積算すると確かに莫大なものになります。解熱鎮痛剤のアスピリンはシモツケソウやヤナギの樹皮の成分が鎮痛・解熱に効果があったことから合成されたものです。水や空気、穀類や野菜、薬、紙など、ほとんどが自然由来です。こういった自然の恵みは、倫理的価値やESGと同様に財務諸表で正確に表現しにくい難点があります。

写真2.1　不法投棄現場の廃棄物（青森・岩手県境）

コスタンザは、「生態系サービス

がきちんと経済的に評価されないまま、自然や生態系が破壊されている」と警告しています。そして、生態系サービスの浪費や枯渇が人類社会に与える悪影響を省みることが必要と指摘。彼は研究を諦めずに継続し、サンゴ礁や湿地、森林など生態系サービスの価値と、それらを破壊して得られる短期的利益を比較しています。

例えば、東南アジアのマングローブを伐採しエビ養殖に転用することが、短期的にはエビ養殖による利益をもたらす一方で、野生生物の繁殖場所の消失や、CO_2の吸収、海岸の保全などの様々な生態系サービスを消滅させ将来の大きな損失につながることも比較対象になると考えられます（**写真2.2**）。

▶ 生態系の恩恵

生物多様性および生態系保全、持続可能性をベースに、国連は2001年のミレニアム生態系評価（MA）以降、生態系から受ける恩恵を「生態系サービス」として概念化しています。

過去およそ50年間に、陸域と海域の乱開発、動植物の過剰採取、気候変動、土壌や大気の汚染、侵略的外来種など自然を脅かす直接的な変化がありました。とくに、気候変動は遺伝子レベルから生態系まで大きな悪影響を与えており、他の要素との相互作用によって自然の変化を加速させるおそれがあります。

生物多様性版のIPCCと呼ばれる「生物多様性及び生態系サービスに関する政府間科学－政策プラットフォーム（IPBES）」は、生物多様性および生態系サービスの状況を公表しているので、最近の内容を以下に抜粋します。

▶ IPBES報告

自然は、人類の生存と良質な生活に不可欠で、自然の寄与（NCP、

写真2.2　マングローブとテングザル（ボルネオ島）

Nature Contributions to People）の大部分は完全に代替することは不可能です。自然は、食料や飼料、エネルギー、薬品や遺伝資源などを供給するという極めて重要な役割を担っています。例えば、20億人以上が木質燃料に依存し、推計40億人が医療・健康のために主に自然由来の薬を利用し、がん治療薬のおよそ70％は自然由来または自然界から着想を得た製品です。

自然は、大気、淡水と土壌の質を保ち、淡水を供給し、気候を調節し、受粉と害虫抑制に貢献し、自然災害の影響を緩和します。世界の食料作物の75％以上は動物による花粉媒介に依存し、昆虫による受粉なしで、コーヒー、カカオ豆、アーモンドを含む果物・野菜は実をつけられません。

海域と陸域の生態系は人類が排出する炭素の唯一の吸収源であり、その量は年間56億トンです（世界全体の人為的排出量のおよそ60％に相当）。

▶ 自然の寄与（NCP）

NCPは多くの場合、空間的、時間的、そして様々な社会階層の間に偏在しています。そのNCPの生産と利用との間にはしばしば相反性（トレードオフ）が生じます。例えば食料生産など、1つのNCPを優先すると、他の寄与を低下させる生態系の変化が起こります。生態系のこうした変化は、一部の人々に利益をもたらすために他の人々、とくにもっとも脆弱な人々を犠牲にしたり、技術や制度の変化をもたらしたりする可能性もあります。例えば、食料、飼料、繊維、バイオエネルギーの生産が飛躍的に増大した反面、大気・水質や気候の調節、生息地の提供など多くの分野でNCPが低下しています。一方、持続可能な農法によって土壌が改善し、生産性向上のみならず炭素貯留や水質調節のような他の生態系機能とサービスが向上するような相乗性（シナジー）もあります。

▶ 自然および自然がもたらすNCPは世界的に劣化

NCPは劣化してきています。次に箇条書きで列挙してみます。

○生態系の面的な広がりと健全性、動植物の個体群サイズ、種の数など自然の状況に関する指標がすべて低下

○人類が依存する生物圏や大気圏は深刻に改変され、とくに1970年以降、陸地の75％が大幅に改変（開発や自然破壊）され、海域の66％で影響が増大し、湿地の85％以上が消失

○人類史上前例がないほど多くの種、約100万種が絶滅の危機（調査した動物、植物の約25％の種の絶滅が危惧される）
○1970年以降、陸生生物の40％、陸水生物の84％、海域生物の35％が急速に減少、さらに栽培作物および家畜の変種・品種が急速に減少
○固有の種、生態系、NCPといった地域内・地域間の多様性が損失状態

そして、多くの種が人為的な改変に適応して急速に進化しており、種、生態系機能、NCPの持続が不確実になる可能性があります。

「生物多様性と生態系サービスに関する地球規模評価報告書」の政策決定者向け要約（SPM）などのIPBES情報を環境省が公開しているので、詳細を参照いただきたいと思います。

▶ 水と生物がつくりあげた地球環境

次に、太古の生物が地球の大気（酸素）を生成したことを説明します。人間など酸素を呼吸する生物が存在できるのも原始生物のおかげです。地球における大気創造は生態系サービスの原点といえるかもしれません。

地球では35億〜27億年前ごろから葉緑素を持つシアノバクテリア（ラン藻類）が大気中のCO_2を吸収して酸素を大気に放出し始めたと推定されます。シアノバクテリアと砂泥などによって層状に丸く堆積したコロニーがストロマトライトです。約25億〜22億年前には光合成が活発に行われ酸素が大量に発生しています。その後、４億年前には大気中の酸素が全体の21％近くになりました。太古の海には鉄イオンが豊富に存在し、海水に溶けた酸素と化合して巨大な縞状鉄鋼床（鉄の原料）を海底に形成しました。鉄イオンが少なくなると海水中の余分な酸素が大気に放出されます。ストロマトライトの表面から小さな泡となって酸素が大気に直接出ることもあります。豊富になった大気中の酸素は紫外線の作用で、オゾン層バリアを上空に形成し生物を紫外線から守りました。それまで海中にだけ生息していた生物はオゾン層による紫外線バリアができたため、陸上に進出することができました。

▶ エベレスト山頂の材料はCO_2

かつて金星や火星のように地球上にあった大量のCO_2の多くは、海水に溶けてカルシウムやマグネシウムと反応して炭酸化合物を海底に沈殿しています。さらにCO_2は海水に溶けてサンゴやプランクトンなどの骨格や殻になり、それらの死骸が堆積して石灰岩などの炭酸塩鉱物になりました。これ

らの海底堆積岩は隆起して陸上に広くみられ、セメントの原料として日本でほぼ自給できる天然資源になっています。

隆起したエベレスト頂上付近の石灰岩地層イエローバンドからは、ウミユリや三葉虫の化石が発見され、その起源は生物作用による海底の堆積物です。なお、石灰岩の成因には生物起源だけでなく化学的沈殿もあります。

太陽系で地球にだけ海が存在し、豊かな環境をつくり上げた、まさに母なる海といえます。大気中や岩石中からではなく、海の中（海底火山のチムニー周辺）から初めての生命が生まれてきたともいわれています。断片的な解説ですが、以上のような地史シナリオには地球における海と海の生物の存在が不可欠で、生物種の多様性が緑と青の地球を形成したことが理解できます。

▶ 生物多様性の意味

生物多様性は1985～1986年ごろの造語「Biodiversity（Biological+Diversity）」の日本語訳で、「生物が様々な多様性を持つ」といったニュアンスです。生物多様性の意味を深く理解するため、①生物とは何か、②多様性とは何か、を改めて考えてみたいと思います。

▶ 生物の定義

脳や心肺、消化器官がない新型コロナウイルスは突起を持つ薄膜に包まれたリボ核酸（RNA）だけなので、感染によって他の細胞に侵入して相手の機能を奪わない限り増殖できません。従って、生物・医学系の多くの学者はウイルスが生物ではない、といいます。なぜなら、生物の一般的な定義は、自己増殖能力、代謝能力、恒常性の維持能力といわれるからです。生物は、少なくとも自分で子孫を残せる、外部から食べ物を摂取して体をつくりエネルギーとして利用できる機能が必要とされます。

▶ 多様性とは

多様な環境の中に様々な生物が存在していますが、多様性とは何でしょう。生物と環境の関係および生物相互の関係などを観察すると、種の多様性の重要性が理解できます。そして生物に遺伝的な違いがあることで、環境の変化に対応するなど生存や繁殖にプラスの影響を与えています。よって生物多様性は遺伝子の多様性に依存しているともいえます。

今から60年程前まで、ブナやミズナラなどの雑木林を伐採して、高値で販売できる杉やヒノキを植林していました。千葉県では、2019年の台風で杉林が幹折れして大きな被害が生じています（**写真2.3**）。数か所の折れた杉を観察すると、折れた部分に縦溝があり年輪が変色していて、典型的な溝腐れ病と判断できます。同じ親の木の枝を挿し木にして育てているので、全部がクローンなのです。よく観察すると、背丈も枝ぶりも同一です。従ってかなりの数の杉が溝腐れ病になりやすく、幹に凹みが生じ、強風の際には容易に折れてしまいます。同じ強風を受けても多様性のある雑木林では一本も折れていません。均一より雑種、雑多の方がよい場合もあるようです。

▶ 生物多様性の危機

地質学的にみると、過去にも極寒などの自然現象や隕石衝突により大量絶滅が起きています。現在は「第６の大量絶滅」と呼ばれることもあるようです。これは人間活動が主な原因です。地球上の種の絶滅のスピードは自然状態の約100～1,000倍にも達し、無数の生きものたちが絶滅の危機に瀕しています。生息地の消滅や破壊がもっとも深刻で、具体的には次の４つの危機があります。

危機①乱開発や乱獲による種の減少・絶滅

○動植物などの生息・生育地の減少

○鑑賞や商業利用による乱獲や過剰な採取など

危機②里山などの手入れ不足による自然の質の低下

○森林や採草地の管理が放棄され、生態系のバランスが崩壊

○シカやイノシシなどの個体数増加も地域の生態系に悪影響

写真2.3　幹折れしたスギ（左）と腐朽菌による溝腐れ病（右）

危機③外来種などの持ち込みによる生態系のかく乱

○外来種が在来種を捕食し、生息場所を奪う

○外来種が交雑して遺伝的なかく乱

危機④地球環境の変化による危機

○地球温暖化により、融雪や氷が溶け出す時期が早まり、高山帯が縮小

○海水温が上昇して酸性化もあり生物の20～30％は絶滅リスクが増加

▶ 生物多様性国家戦略における企業の役割

国が策定した「生物多様性国家戦略（2012～2020）」には、企業・事業者の主な役割として主に次のような事項が明記されていました。

①生物多様性の保全及び持続可能な利用に配慮した生産活動、ならびに原材料の確保から商品の調達・製造・流通・販売までサプライチェーンでの配慮

②販売後における消費者の使用時・使用後の廃棄・回収・再利用

③保有している土地や工場・事業場の敷地での豊かな生物多様性の保全

④生物多様性の保全や持続可能な利用に資する技術の開発・普及、技術者や人材の育成……など

▶ 次期生物多様性国家戦略

「次期生物多様性国家戦略」の検討内容から、2030年に向けたポイントを大雑把に列挙し、生物多様性に関する政策ポイントを把握してみましょう。

この戦略は国連の生物多様性条約第6条に基づき締約国が策定する行動計画です。次期国家戦略では、新たに目指すべき目標として、生物多様性の損失を止め回復軌道に乗せる「2030年ネイチャーポジティブ」を掲げ、2030年までに、陸と海の30％以上を健全な生態系として効果的に保全する「30by30目標」（国連が提唱）があります。生物多様性に貢献する民間の管理地を国が認定し、国際データベースにも登録することで企業の取り組みをアピールする予定です。

▶ 自然資本を守り活用する経営

近年、生物多様性や自然資本の損失が事業継続性を損なうリスクとして認識されつつあり、国際的には、生物多様性を脱炭素に次ぐビジネス課題と位置づけて事業活動に組み込んでいく動きが加速しています。英国財務省は、「生物多様性の損失を回復させることは気候変動への対応にも貢献する」と

した上で、「最も貴重な資産である自然の物や恵みに対する需要は自然の供給力を大幅に上回っている」と指摘しています（2021）。一方、世界経済フォーラム（WEF）が発表したグローバルリスク報告書（2022）では、気候変動対策の失敗（第１位）と異常気象（第２位）に次いで、生物多様性の損失（第３位）が、向こう10年のうち世界規模でもっとも深刻なリスクとして位置づけられました。

▶ 企業による自然資本・生物多様性の情報開示

企業活動における自然資本および生物多様性への影響を定量的に評価し、リスクや機会を適切に評価し、投資家などに開示するための枠組み構築に向けた議論も行われています。脱炭素分野で先行する気候関連財務情報開示タスクフォース（TCFD）に対して、自然資本・生物多様性に関する自然関連財務情報開示タスクフォース（TNFD）が2021年に設立され、2023年の開示枠組の公表に向けて準備が進み、企業に対して関連リスクの報告や対応などを求めます。一方、パリ協定と整合した企業の温室効果ガス排出削減目標のSBTにはSBTs for Natureの追加が検討されています。これは自然資本や生物多様性に関する影響を定量化し、悪影響を改善するための目標を科学的に設定し公表するスキームです。

サスティナビリティ（事業継続性）の確保の観点から生物多様性の保全や自然資本の持続的な利活用をビジネスにおける一要素として捉える見方は、企業のみならず投資家・金融機関においても高まっています。今後、脱炭素経営が主流化していくなかで、次の10年間で生物多様性保全や自然資本管理そのものがビジネスになっていくことも期待されています。

▶ 日本の生物多様性の特徴

日本人の暮らしは自然の恵みの享受によって物質的には豊かですが、生態系サービスは過去50年間、劣化傾向にあります。食料や木材などの供給サービスは、その多くが過去と比較して低下しています（木材の自給率は近年1970年代の水準まで回復）。輸入の増加や資源量の変化などにより農水林産物の生産量はピーク時より減少し、とくに海面漁業の漁獲量はピーク時の50％以下となっています。生産物の多様性も変化しており、林業で生産される樹種の多様性は過去50年間で約40％も減少しています。大気や水質の浄化などの調整サービスや湿原の洪水調整サービスなども低下傾向です。ダニ媒介性感染症（ヤマヒルも増加）の被害など健康へのリスクも顕在化しており、生態系による負の影響（ディスサービス）が顕著になっています。

日本の生物多様性に関して、陸域や海域の様々な生態系への悪影響が予測されています。IPCCの第6次評価報告書第2作業部会報告書でも、人為起源の気候変動により、自然の気候変動の範囲を越えて、自然や人間に対して広範囲にわたる悪影響とそれに関連した損失と損害を引き起こしていると評価されています。このような現状を踏まえた環境政策や企業戦略としては、おそらく次のような事項も考慮すべきと思われます。

○生物多様性国家戦略で取り組むべき課題案

①COP15で採択された生物多様性枠組の目標（2030ネイチャーポジティブや30by30目標）
②生物多様性とビジネスをめぐるTNFDやSBTs for Natureへの対応
③サプライチェーンを通じた内外の自然と生物多様性への取り組み
④生物多様性の保全に資する地域における取り組み促進
⑤陸域や海域の利用を持続可能にしていく活動などの推進
⑥財政支援やデータ基盤整備を含め、多様な主体の連携

▶ 生物多様性で確認すべき用語

以下はよく耳にする用語の簡単な解説です。

（1）生態系サービス

生態系が人々にもたらす様々な恵み。生活に不可欠な食料や水の供給、気候の安定、自然の豊かさなど、生物多様性を基盤とする生態系から得られる恵みが「生態系サービス」です。国連の「ミレニアム生態系評価」（2005）では、次の四つに分類しています。

①供給サービス（食料や水、木材や燃料、医薬品の開発などの資源の提供）
②調整サービス（水質浄化や気候の調節、自然災害の防止や被害の軽減）
③文化的サービス（精神的・宗教的な価値や自然景観などの審美的な価値、レクリエーションの場の提供など）
④基盤サービス（土壌形成、光合成による酸素の供給など）

（2）里山・里地

原生的な自然と都市との間に位置し、集落を取り巻く二次林、それらと混在する農地（水田）、雑木林、ため池、小川など二次的な自然。

（3）自然資本

大気、水、土壌、動植物相など自然財産を資本の1つとしてとらえる考え方。伝統的な資本の概念を生態系サービスなど自然財産にも拡張した概念です。企業のESGやSDGsを検討する際の新たな対象として認識されています。

（4）生物圏

英語biosphereの訳で生物が存在する領域のこと。生物という視座から地球を考える場合に有効な概念です。気圏、水圏、岩石圏に対する概念で、生物圏の範囲は海水面の上下に約10kmといわれます。菌類や胞子などは高度1万m以上でも存在し、深海でも海洋生物が生息します。

（5）生物の多様性に関する条約

①生物多様性の保全、②生物多様性の構成要素の持続可能な利用、③遺伝資源の利用から生じる利益の公正かつ衡平な配分、を目的とする条約。1992年採択、1993年に発効。

（6）バイオマス

生物量の意味ですが、日本では主にバイオ燃料など動植物由来の生物資源を指します。生物量とは、一定の地域や空間で、ある時間に生存している生物の総量。単位面積当たりの重量で表示し、特定の群あるいは種について用いることも、質量のみならずエネルギー量で数値化することもあります。最近では、燃料用の木材チップをバイオマスと呼びます。

（7）ネイチャーポジティブ

ポジティブは「肯定」の意味で、直訳なら自然再興です。自然を回復軌道に乗せるため、生物多様性の損失を止め、反転させて回復軌道に乗せることです。健全な生態系を確保し、生態系による恵みを維持し回復させ、自然資本を守り活かす社会経済活動を広げることでネイチャーポジティブが達成できます。

MEMO ▶ 生物多様性の3つの側面

生物多様性基本法によると、生物多様性は、①生態系の多様性、②生物種の多様性（いろいろな生物がいること）、③生物遺伝子の多様性（同じ生物種内にいろいろな遺伝子があること）を意味します。

①生物多様性には、①生態系、②種、③遺伝子の3つの側面があります（**図2.12**）。最初の生態系の多様性とは、森林、草原、河川、湖沼、湿地、干潟、岩礁、サンゴ礁、海洋など様々な環境です。それぞれの環境に適応した生物が多数生息します。場における生物相（動植物）を決定する要因として、生物自身の持つ適応力による生態的分布と、移動を阻む地形的障害によって制限される地理的分布の2つがあります。

次に、②種の多様性とは、動物園や植物園でみられるような多様な種類の生物です。現在の生物種はおそらく870万を超えていますが、微生物含め未発見がほとんどで、2,000万種以上あるという推定もあります。地球において生命誕生から数回の大絶滅イベントを経て、種の分化と進化によって種の多様性が増しています。

最後の③遺伝子の多様性とは、同じ種の生物でも個々のDNAがすべて異な

生態系の多様性
山・川・海・まち、
たくさんの種類の自然があります

種の多様性
動物・植物・昆虫、
たくさんの生き物がいます

遺伝子の多様性
色・形・模様、
たくさんの個性があります

（出典：札幌市ホームページを参考に作成）

図2.12　①生態系、②種、③遺伝子

ることです。多様性があることによって異なる地形や気候などの生息地に適応し生存することができます。最近の温暖化で九州など西日本ではコメの味や品質が劣化しています。交配など遺伝子操作によって品種改良することが重要視され、稲に関しても、旨味だけでなく高温に耐え強風でも倒れにくい品種が開発されています。九州のコメ「にこまる」もその成功例です。

◆ 生物多様性は温暖化同様に重要な課題で、企業も生物多様性の活動が必要
◆ TCFDに加え、自然資本・生物多様性に関する自然関連財務情報開示タスクフォース（TNFD）が開示枠組を公表予定
◆ 事業活動およびサプライチェーンにおける生物多様性・自然資本への影響や依存度を評価して、経営上のリスクと機会を分析し経営に反映させる

第3章

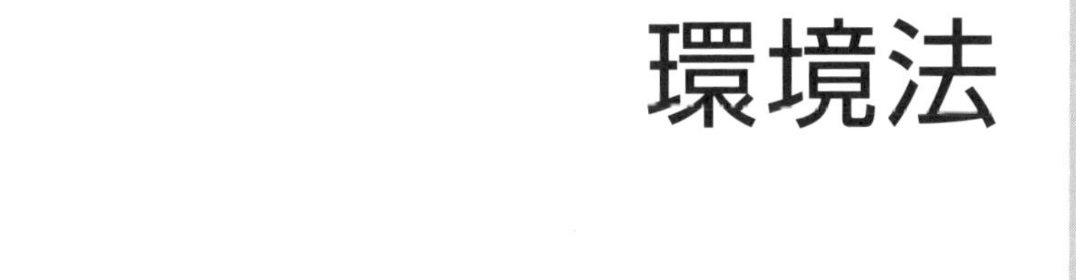

環境法

3.1 法令の読み方

企業の環境担当者向けに研修した際、「水濁法の法令を読んだことがありますか」と尋ねると、手を上げる人はいません。会場を変えて数回試しても、読んだ受講者はいませんでした。当然読んでいる受講者もいると思います。しかし、ほとんどの受講者は全文を読んだことがないようです。法の条文が読みにくく非常にわかりにくいのが、その一因だと思われます。

法令を読解するヒントがあります。条文の最初にある「法の目的」を熟読するのです。括弧内を飛ばして読むと骨子が理解できます。

▶ 水質汚濁防止法の目的

法令を理解するためには、法律の構造を知る必要があります。法律を作成する側の専門家によると、様々な意見を取り入れて長ったらしい法令を作成したあとで、内容全体から帰納的に「法の目的」を第１条に記載します。そのため、第１条から誰が何のために何をすべき……などの骨子が理解できます。水質汚濁防止法（水濁法）の当初の目的は次のような主旨でした（損害賠償部分を除く）。

法の目的の要旨は、「この法律は、工場及び事業場から公共用水域に排出される水の排出を規制すること等によって、公共用水域の水質の汚濁の防止を図り、もって国民の健康を保護するとともに生活環境を保全することを目的とする」となります。

この内容ならほとんどの方が理解できると思います。規制によって公共用水域の汚濁防止をすることが記載され、規制される主体は「工場及び事業場」および、そこからの「水の排出」です。河川や湖沼、海域など公共用水域の水質保全が重要なポイントになっています。工場・事業場の敷地内にある調整池や貯水槽などは水濁法の対象外で、下水道放流や廃液の委託処理は下水道法や廃棄物処理法が別途適用されます。

この法律を国民や事業者などに順守させるために、国または公共団体が監督し法律を履行させる当事者となっています。国家の規律を示しているので水濁法は行政法（公法）だと判断でき、水濁法の保全対象は河川、湖沼、海域など公共用水域および地下水です。

「法の目的」は改正ごとに追記されています。法律制定後しばらくして、①公共用水域の**汚濁原因が工場排水だけでなく生活排水であることが判明**し（最近は生活排水が主たる原因）、②飲用の地下水がVOC（揮発性有機化合物）や重金属などで汚染されていることが全国で判明し……などといった汚染の実態が判明するたびに改正されました。現在は「生活排水」と「地下水」を法の目的（第１条）に追加しています。主文は、「公共用水域及び地下水の水質汚濁の防止を図り、もって国民の健康を保護するとともに生活環境の保全すること等」となります。改めて現在の「法の目的」を以下に示します（**図3.1**）。下線部分が改正で追加され、長文で読みにくくなっています。

後段にある「被害者の保護」（事業者の損害賠償）に関して、石綿（アスベスト）やダイオキシン類・PCBによる健康被害は時々耳にしますが、排水の有害物質による新たな公害病（健康被害）はないようです。背景として水銀やカドミウム、鉛などの重金属やVOCに関して厳しく規制されてきた

（目的）

第１条

この法律は、工場及び事業場から公共用水域に排出される水の排出<u>及び地下に浸透する水の浸透</u>を規制する<u>とともに、生活排水対策の実施を推進する</u>こと等によって、公共用水域<u>及び地下水</u>の水質の汚濁（水質以外の水の状態が悪化することを含む。以下同じ。）の防止を図り、もつて国民の健康を保護するとともに生活環境を保全し、並びに工場及び事業場から排出される汚水及び廃液に関して人の健康に係る被害が生じた場合における事業者の損害賠償の責任について定めることにより、被害者の保護を図ることを目的とする。

図3.1　法の目的

経緯があります。

水濁法が成立して2年目の水濁法解説書（1972）によると、この目的条項は、①この法律の主たる内容、②水質汚濁の防止が目的たること、③この法律の終局的目的……の順序で規定したと解説しています。いずれにしても現在の水濁法体系を眺めると、排水規制と地下水保全が法の中心となります（**図3.2**）。次に排水規制について基本事項を解説します。

▶ 排水規制

水濁法では、公共用水域を対象に、すべての特定工場・事業場に排水規制を適用しています。環境基準と異なり、排水基準違反には直罰が課せられ、直罰とは基準超過の事実だけで即罰則が適用され得ることを意味します。

濃度に関する排水基準は2つに分類され、1つは人の健康にかかわる有害物質を含む排水に係る項目（健康項目）、もう1つは水の汚染状態を示す項目（生活環境項目）です。生活環境項目は水道水質基準に関係する項目も設定されています。排水基準は、**図3.3**に示すとおり**濃度規制と総量規制**があります。

さらに、健康項目など国が定める全国一律の基準以外の規制も条例によってより厳格な上乗せ設定をすることができます（**図3.4**）。国の基準に代わって条例の上乗せ基準が適用され、この基準に違反すると水濁法違反になります。

工場および事業場がそれぞれ濃度規制を順守しても、排出源が100や

図3.2　水質汚濁防止法の体系イメージ

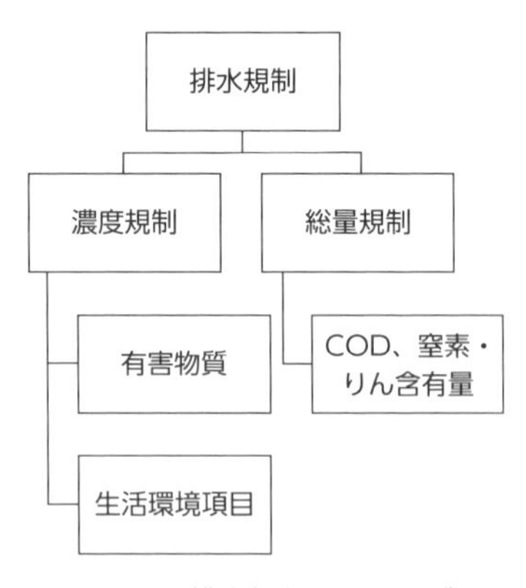

図3.3　排水規制のイメージ

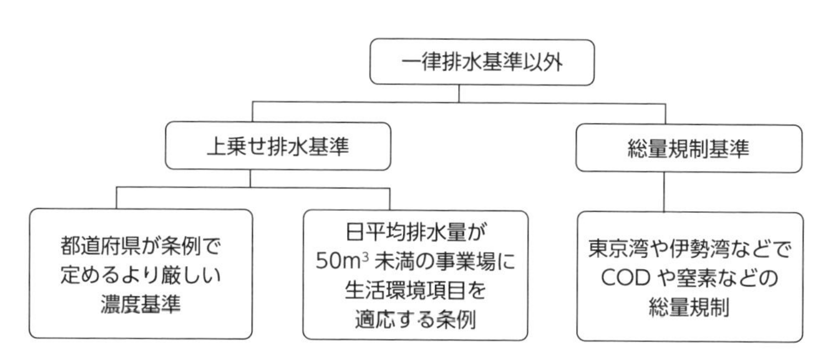

図3.4　個別に規制される排水基準の例

200も集中すると環境は悪化します。そこで人口や産業が集中する閉鎖性海域を対象として総量規制が1978年に発動されました。

◆ 法令は第1条に概要がコンパクトに記載されている
◆ 括弧や但し書きを抜いて読むと骨子が理解できる
◆ 条文を図にまとめると構成が理解しやすくなる

3.2 環境基準の健康項目と生活環境項目

群馬大学医学部附属病院で乳児10人がメトヘモグロビン血症を発症し、チアノーゼで顔面が青ざめるという事件が2021年10月19日に発生。敷地内地下80 mから揚水する「井戸水が原因とみられる」と直後に病院側が発表しました。しかし真の原因は地下水ではなく、意外なものでした。

▶ 亜硝酸性窒素で乳児10人が健康被害

乳児に与えたミルクの水を調べた結果、亜硝酸性窒素の数値が最大で490 mg/Lと異常値であったことが判明しました。亜硝酸性窒素の水道水質基準は0.04 mg/L以下（水質環境基準は硝酸性および亜硝酸性窒素が10 mg/L以下、排水基準は100 mg/L）です。地下水を利用した専用水道に水質異常のあることがわかり、病院では水を使用する診療行為などが行えない状況になり外来診療や救急患者の受け入れをしばらく休止しました。ちなみに、窒素系の地下水汚染は農畜産業が原因となることが比較的多く、茶畑などの過剰施肥や養豚場の畜産廃液に起因することがあります。

その後、井戸水自体に異常はなかったことが判明。詳細調査の結果、空調用水の配管と上水系統配管がチャッキバルブ（単純な構造の逆止弁）を介して直接接続されており、そのバルブの作動不全により空調用水の逆流が発生したと推定されました。結果として、空調用の循環水が逆流して水道水に混入したことが原因と断定されます。空調用水は配管内の錆（さび）を防ぐ防食剤として亜硝酸を含む薬剤が添加されていました。

▶ 健康項目と生活環境項目

当初、地下水の汚染が犯人とされたようです。地下水は1989年から水濁法の規制対象になりました。水質汚濁にかかわる環境基準は大気の基準などと同じように環境基本法に規定されています。環境法の中で環境基本法はベースとなる法律であるため、そこで規定する大気や水質、土壌などの環境

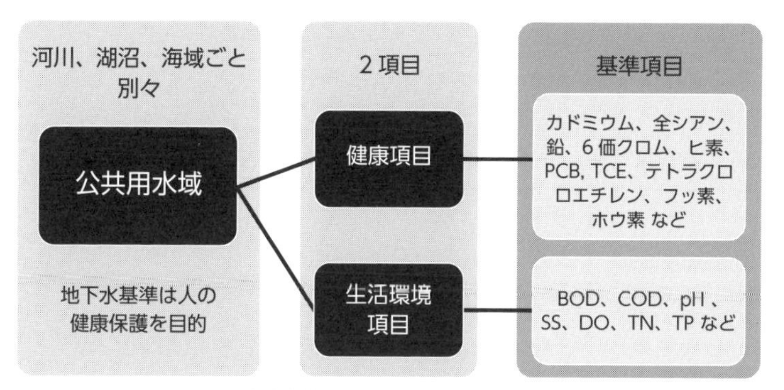

図3.5　水質環境基準のイメージ

基準は重視されています。

水質汚濁にかかわる環境基準は**図3.5**のようなイメージで「健康項目」（有害物質）と、「生活環境項目」があります。**健康項目は全国一律**の基準が定められている一方、**生活環境項目**の方は、工場や事業所などの立地状況や人口など、**地域の状況または水域の水利用目的などに応じて、水域ごとに異なる基準**が設定されています。

公共用水域にかかる生活環境項目は、河川、湖沼、海域の水域ごと、水道、農業用水、水産、工業用水などの利用目的に応じた類型ごとに生物化学的酸素要求量（BOD）、化学的酸素要求量（COD）などの基準項目が細かく設定されています。

環境基本法によると「環境基準は人の健康を保護し、及び生活環境を保全する上で維持されることが望ましい基準」なので、工場や事業所が必ずしも守るべき基準ではありません。行政上の目標という位置づけですが、環境汚染や土壌・廃棄物に関する民事訴訟では汚染の目安として環境基準がしばしば議論されています。政府の見解でも、環境基準は許容限度や受忍限度という性格のものではないとされていますが、汚染有無の判断や汚染レベルの基準（モノサシ）としても利用されています。

▶ 地下水基準は健康項目のみ

地下水に関してはBOD／CODなど生活環境項目はありません。地下水基準は飲用リスクに注目し、人の健康を保護する観点から定められています。地中深くの帯水層（地下水が存在する地層）に魚介類や農作物などは通常存在しないため、生活環境項目は設定されていません。河川など公共用水域の健康項目と地下水の環境基準では、クロロエチレン（塩化ビニルモノマー）など基準項目に違いがあります。なお、クロロエチレンは土壌中でテトラクロロエチレンやトリクロロエチレンなどVOCが分解して生成される物質です。土壌汚染対策法（土対法）では、分解前の親物質を取り扱ったことがある土地において土壌汚染状況調査を実施する際にクロロエチレンを調査対象物質に加えることになっています。

▶ 水域や水利用に応じて設定される生活環境項目

全国一律の基準は健康項目だけで、生活環境項目は地域の状況に応じ、各公共用水域につき水域類型ごとに細かく基準値が定められています。具体的には、河川、湖沼、海域などの水域および水道や農業用水、水産、工業用水など、利用目的に応じて異なる基準になっています。水の利用目的が水道（飲用水）の場合は、大腸菌群数の基準も適用されます。

さらに公共用水域の生活環境項目には、全亜鉛やノニルフェノール、直鎖アルキルベンゼンスルホン酸およびその塩、底層溶存酸素量（底層DO）といった**水生生物の保全を考慮した基準項目（水生生物保全環境基準）**もあり、これらは生態系への影響や生物多様性に配慮した施策ともいえます。

▶ 総量規制

総量規制は東京湾、伊勢湾、瀬戸内海が対象で、その指定地域内で特定施設を設置する事業所に適用されます。項目には、COD、窒素含有量（TN）、およびリンの含有量（TP）があり、排水量と水質を乗じた汚濁物質の負荷量で規制されます。

個々の事業所が濃度基準を順守しても、多数の排出源があれば放流先の閉鎖性水域は汚染濃度が高くなってしまいます。そこで、排水基準のみでは環境基準の達成が困難な閉鎖性海域を対象として、内陸府県（海なし県）を含め海域に流入する汚濁負荷を総合的に削減する総量規制が導入されました。埼玉県や岐阜県など内陸府県の工場も、河川を経由して排水が東京湾、伊勢湾、瀬戸内海に流入する場合は規制対象になります。

▶ **要監視項目**

要監視項目は、水質汚濁に関係する物質であり、公共用水域などにおける検出状況などからみて、ただちに環境基準とはせず、引き続き知見の集積に努めるべきものとされています。

要監視項目の指針値は長時間摂取にともなう健康への影響を考慮して算出された値です。一時的にある程度この値を超えることがあっても、ただちに健康上の問題に結びつくものではないとされています。また、「指針値を超過しても行政指導等を行使する法的根拠はない」とはいえ管轄行政が継続して公共用水域および地下水の水質測定を行い、その推移を把握しているため、要監視項目を扱う事業所では環境汚染を発生させないよう十分注意する必要があります。実際に継続的な指針値超過や利水障害などの事例も起きています。なお、要監視項目が環境基準に格上げされるケースが多いため、先進的な企業では要監視項目による汚染防止をすでに進めています。

- ◆ 環境基準の「健康項目」と「生活環境項目」のうち、後者には水生生物の保全を考慮した水生生物保全環境基準がある
- ◆ 地下水基準は人の健康を保護する観点から設定し生活環境項目がない
- ◆ 飲用水と冷却水・循環水などが混合しない配管の安全対策が必要

3.3 環境基準は行政の政策目標

かつて熱心な環境活動家と一緒に地域との交流を兼ねて東北から九州まで汚染現場を旅し、様々なお話を聞いた経験があります。その中で忘れられない記憶があります。爪が奇妙に変形した高齢の方が「ごはんがまるでお赤飯のような色になった」と嘆く。地域の生活用水がひどく汚染され、コメを炊くと薄ピンク色になるまで悪化していました。

住民から苦情を受けた地方自治体の環境担当者はやっと水質検査をしたようですが、しばらくして「水濁法の健康項目（環境基準）に関して法律上違反した項目がないので行政として動きようがない、というような連絡がきた」と聞きました。これは厳密には正しくありません。

▶ 裁判でみる基準超過と現実的な危険有無

冒頭とは別の事件で有名な谷戸沢処分場の裁判があります。東京地裁は「周辺環境に対し、環境基準等を超過するダイオキシン類・重金属の汚染がある状況をもたらしている」としつつ、土壌鑑定に基づき「将来そのような健康被害をもたらす蓋然性があるとも認められず、現実的な危険があるダイオキシン類・重金属の流出があるとはいえない」として、汚染土壌の除去などを求める訴えを却下しています（平成23年4月26日最高裁上告棄却・不受理で確定）。現実の危険有無がポイントでした。

環境基準の改定に対し取り消しを求めた裁判例もあります（東京地裁昭和53行ウ147号、56/9/17）。判決は環境基準の法的性格について、次のように説示されています。

①環境基準とは公害施策の基本となるべき政府の達成目標、行政上の努力目標ないし指針を意味する

②環境基準は、汚染の許される上限を表わす許容限度もしくは国民が汚染を容認しなければならない受忍限度と解することはできず、法的強制力をもつ規範ではない

▶ 行政上の目標

環境基準は「人の健康を保護し、及び生活環境を保全する上で維持されることが望ましい基準」であり、環境保全の施策を実施していく上での「行政上の目標」です。したがって環境基準の超過はただちに違法にはなりません。

一方、水濁法の排水基準（排水口において排水基準に適合しない排出水を排出してはならない）は事業者が厳格に順守する義務があります。この許容限度を超過して違反した者にはただちに罰則（直罰）が適用されます。

望ましい基準である環境基準を達成するために、排水基準が設定されています。都道府県などが環境基準の達成状況を定期的に調査する場所は公共用水域に限られますが、年間のサンプル総数は65万件前後と膨大な数になります。

▶ 環境基準のコンセプト

高度成長期には都市河川や港湾の水質が悪化し、ひどい臭いを発するどぶ川やヘドロ問題が各地で発生しました。水質悪化によって、漁業被害、水道水の取水停止など市民生活に大きな支障が生じました。しかし、公害行政で水質をどの程度に改善し維持すべきか、その具体的な基準はありませんでした。そこで1966年、有識者からなる公害審議会は政府に対し、環境基準の設定について次のような答申をしました。

- 環境基準は公害から国民の健康や生活環境その他の利益を保護するため守られるべき条件を定めるもの
- 汚染が進行している地域では環境基準まで下げ、今後の汚染を防止しようとする地域では基準以下におさえるための**行政の目標**となるべきもの

その後、調査や審議を重ねて1970年４月に環境基準が閣議決定され翌年告示されました。環境基準には基準値に加え、測定方法、基準達成期間、基準達成のための施策、基準見直し規定なども細かく規定されています。

▶ 基準達成に必要な期間と見直し

環境基準の達成に必要な期間は次のように規定されています（昭和46年12月28日環境庁告示第59号）。

①**健康項目：人の健康の保護に関する環境基準は設定後ただちに達成され**、維持されるように努めるものとする

②**生活環境項目**：公共用水域ごとに施策の推進とあいまちつつ（作用し合い）、**可及的速かにその達成維持を図る**

なかでも、著しい人口集中、大規模な工業開発などが進行している地域にかかる水域で著しい水質汚濁が生じているものまたは生じつつあるものについては、５年以内に達成することを目途とする

新規化学物質が毎年数多く輸入または開発、製造され大量供給されるなかで、人の健康や生活環境などに対する新たなリスクが判明しています。そこで環境基準については、「常に適切な科学的判断が加えられ、必要な改定がなされなければならない」とし、次のように規定されています。

①科学的な判断の向上に伴う基準値の変更および項目の追加

②水質汚濁の状況、水質汚濁源の事情等の変化に伴う項目の追加等

③水域の利用の態様の変化等事情の変更に伴う各水域類型の該当水域及び当該水域類型に係る環境基準の達成期間の変更

▶ 基準追加された1,4-ジオキサン

典型的な有害物質でなくても、河川や湖沼などにおける検出率や検出濃度、海外情報などから、国として施策が必要と判断して基準項目に追加されるケースもあります（**表3.1**）。健康項目は最初８項目でしたが、有機塩素化合物や農薬が追加され27項目になっています。

例えば、有機化合物の1,4-ジオキサンによる死亡ケースは聞いたことがありませんが、各地で汚染実態があるため2009年11月に基準追加されました。その背景をみると、指針値を超える事態が2004年度以降毎年続き、

表3.1　水質環境基準で近年追加された項目

	項目
1999年	硝酸性窒素および亜硝酸性窒素 フッ素およびホウ素
2009年	1,4-ジオキサン
2009年 （地下水基準）	クロロエチレン（塩化ビニルモノマー） 1,4-ジオキサン 1,2-ジクロロエチレン（シス-1,2-ジクロロエチレンから、シス体およびトランス体の合計へ）

指針値を超える汚染により水道の取水が停止された事例も複数生じた経緯があります。また、公共用水域などへの流出事例も複数発生していました。過去のPRTRデータによると、公共用水域への排出量も多く、当該物質の特性として水へ混合しやすく大気への揮発性は低く、水環境中での分解性も低いとされ、脳や腎臓、肝臓への障害も懸念されています。そういった理由もあり、WHO飲料水水質ガイドラインなどを参考にして1,4-ジオキサンが要監視項目から環境基準項目に格上げされ追加されました。

◆ 環境基準は人の健康や生活環境に関し維持されることが望ましい目標
◆ 基準項目は海外動向も参考に、要監視項目から環境基準に格上げされる

3.4 水田の水質を悪化させた事件

事業所のタンクや地下配管から有害物質が長期にわたり漏洩（ろうえい）し、近くの水田で水質汚濁が発覚。そこで農家の方は環境基準を超えたと当局に通報しました。管轄行政は排水路を水質調査したので、事業所ではコンプライアンス違反について次の事項を含む様々な検討をしました。

①事業所敷地と水田との間にある側溝は環境基準が適用されるか？

②排水を放流する水路の水質が環境基準を一時的に少し超過しても水濁法の責任は生じないのではないか？

③法令の排水基準を超過しても被害がないので責任は生じないはず？

▶ 環境基準

上記①に関して、水田の中にある水は環境基準が適用されません。しかし事業所の雨水が流れる排水路と水田との間にある**側溝などが、河川などに接続していれば公共用水域に該当し環境基準が適用**されます（**写真3.1**）。

水質環境基準（水質汚濁に係る環境基準）に関しては、環境基本法第16条に規定されており、**健康項目と生活環境項目**があります。健康項目にかかる基準は公共用水域に一律適用され、環境基準が適用される公共用水域は、水濁法では、「河川、湖沼、港湾、沿岸海域その他公共の用に供される水域及びこれに接続する公共溝渠（こうきょ）、かんがい用水路その他公共の用に供される水路」と定義されています。溝渠とは、水路のうち小規模な溝状のものです。これらが河川や湖沼、海に接続している場合は公共用水域となり、公共の用に供される側溝やU字溝も環境基準が適用されます。

一方、水濁法で放流先の水路を含む公共用水域は行政によって水質の常時監視がされます。常時監視は水質の長期的な変化や傾向を把握でき、水質汚濁の早期発見にも寄与します。

▶ 環境基準の超過—排水基準と直罰

環境基準が環境政策上の「維持されることが望ましい基準」であることよ

写真3.1　水田にある水路は水濁法の規制対象か？

り、一時的な基準超過で即、原因者に水濁法の責任が負わされる事態は通常生じません。一般論として②は正しいといえます。

水質環境基準を達成するために排水規制がなされます。排水基準（健康項目）は六価クロムなど一部を除き、大半が環境基準の10倍レベルになっています。公共用水域に放流され10倍以上に希釈される想定で設定されました。

水質汚濁に関して事業者を規制するのは、環境基準ではなく排水基準です。重金属や有機溶剤などの**健康項目は一律規制**であり、たとえ少量であっても該当する規制物質を排出するすべての特定事業場に適用されます。BODやCODなど生活環境項目は1日の平均排水量が50 m^3以上の特定事業所にのみ適用されます。この50 m^3以上という裾切りに対し、それ未満の特定事業所に対しては条例などで規制されるケースが多いです。

排水基準（許容限度）は法定拘束力があり、違反すると改善命令を経ることなく、いきなり懲役または罰金という直罰が適用されることがあります。したがって設問③は誤っています。なお、命令違反の罰則は重く、1年以下の懲役、100万円以下の罰金となっています。

- ◆ 環境基準は、政府や行政の努力目標で維持されることが望ましい基準
- ◆ 公共用水域の水質は行政が常時監視
- ◆ 排水基準は拘束力があり、違反すると懲役または罰金という直罰を適用

3.5 水質汚濁防止法の誕生秘話

水濁法を順守するには、工場などから排出する汚水などの含有物質や種類などを確認し汚濁原因も把握します。排水処理設備の管理や処理水を監視して、さらに放流先の状況を詳しく確認する必要があります。こういった基本手順がまったく無視された事例が過去には多数ありました。水濁法が生まれる契機となった事件があったので解説したいと思います。

▶製紙廃液で大乱闘

巨大テーマパークが近くにある千葉県浦安市では、歴史に残る公害事件がありました。旧江戸川の水が製紙工場の排水で黒く濁り、沿岸の海水も変色して魚介類が大量に死滅したのです。以前にも排水が問題となっていましたが、新たな製造工程から黒色の廃液が河川に放流されました。そのため漁獲に大きな影響が生じたのです。

漁民は工場側と何度も折衝し、行政官庁へも取り締まりの陳情をしました。しかし問題は一向に解決しないため、業を煮やした漁民代表800人は、1958年6月に国会と都庁に陳情を行い、帰路、製紙工場へ向かったのです。工場側は面会に応じないばかりか、監督官庁から出されている中止勧告を無視して操業を続行。そのため、漁民はついに工場内に乱入し、工場側の要請した機動隊と衝突。漁民から重軽傷者105人、逮捕者8人、その他負傷者36人を出す大乱闘事件に発展しました*[1]。

事件は国会でも議論され、工場側は国会で、排水の水素イオン濃度（pH）はほぼ中性の6.8で、河川の水で希釈されると言及*[2]。国会の参考人である東京都建築局指導部長は、中性亜硫酸アンモンによる最終的に出たリグニン廃液そのものは、「pHが6とか8でございまして、非常に中性的なもの」とコメントし、さらに「川の上流にいろいろな工場もありますから、その工場の廃液等とあるいは化学変化等を起しまして、pHが下りまして酸性に近づくのじゃないかというようなことも十分考えられます」と工場側を擁護する答弁。それに続き、都の指導部長は「やはり法的な措置が必要でございますので、６月11日付で除害設備が完備するまでその使用を停止されたいということを文章で指示しました」と答弁しました。

一方、漁民が所属する千葉県の水産商工部水産課長によると、事件の前月５月19日に工場の排水口の近くで採集した排水はpHが3.4という強酸で、BODが289ppmであった（普通の水では２～30）と国会で報告。さらに県の水産課長は「工場排水の原液にフナを入れましたところ、直ちに全部死んでしまいました。それから工場排水を1/2に薄めまして行いましたところ、15分後に全部死滅いたしました。それから1/10に薄めました場合に５日後に全部死にました」と国会答弁しています*2。

被害を受けた漁民が千葉県に居住し、公害発生源である工場は東京都が管轄していたので、それぞれの行政対応は異なる結果となったようです。

東京都も、水産試験場と水産課合同による水質試験および生物試験を５月に実施。アユの生物実験で、「排水口の下流50ｍにおいては約100％の斃死率、下流500ｍで32％の斃死率」といった報告をしました。さらに東京都は排水口のpHが4.2以下で溶存酸素（DO）は1.39mg/L（通常5mg以上、水産２、３級）という報告をして、水生生物が生息できない水質であったことが判明しました。

(出典：富士市ホームページ)

写真3.2　富士市の田子の浦

政府は、事件があった年の12月に「公共水域の水質の保全に関する法律」と「工場排水等の規則に関する法律」（水質二法）を急いで公布しました。その後、水濁法が施行され、環境基準や排水基準が制定されました。

浦安事件が直接の契機となり水質二法が制定されましたが、この新法では、指定水域以外は規制対象外であるため、後述する**写真3.2**の静岡県田子の浦のような公害は阻止できず、全国各地で水質状況はさらに悪化してしまいました。

水濁法のおもな目的は、公共用水域と地下水の水質汚濁を防止することで、**国は環境基準を達成するため、特定施設からの排水を厳しく規制**しています。水濁法のおもな規制対象は、有害化学物質や汚濁物質を排出する特定施設を持つ工場や事業所（特定事業場）で、全国の特定事業場に対して規制力のある排水基準が適用されます。**有害な工場排水（有害物質）の地下浸透も水濁法で禁じられています。**

公共用水域と地下水を保全するため、**特定施設を設置、または構造などの変更をする場合には、事前の届出**が必要となり、都道府県知事は、設置や変更の申請書を審査して排水基準や総量規制などに適合しないと認めたときは、申請書受理から60日以内に計画の変更や廃止を命じることができます。

処理水を放流する河川などで魚が浮いた、白濁など変色した水が流れている、異臭がする、といった通報があると、行政は上流に位置する特定事業場に立入検査することがあります。その際に、特定施設の設備などは申請どおりの構造で適正運用されているか検査されます。

排水基準違反があれば直罰が適用され、懲役や罰金が科せられますが、公

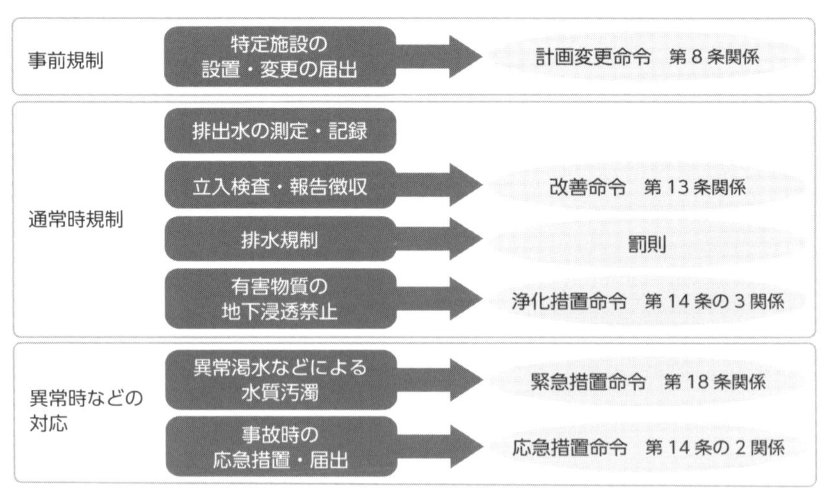

（出典：環境省「水・土壌環境行政のあらまし」から一部抜粋）

図3.6　水濁法の体系　全国共通規制

開情報を調べると、現実には初犯で処罰されることは少ないようです。しかし違反常習や大きな被害が発生するなど、重大な違反で罰則が適用されています。いずれにしても、違反した責任者個人が起訴されて有罪になると罰金や懲役になる可能性もあり、マスコミ報道含め企業の信頼を失いかねない事態になるため、排水基準の順守は優先度が極めて高いといえます。

排水基準に適合しない水を排出するおそれがある場合、監督官庁は特定施設の構造もしくは使用方法、汚水などの処理方法の改善を命じ、または特定施設の使用もしくは排出水の排出の一時停止を命ずることができます。対象施設の新設や変更、操業時、異常時ごとの水濁法の大雑把な内容を**図3.6**に示します。

MEMO ▶ 富士山の麓でヘドロ公害

新幹線で富士山を近くに眺めるとき、麓の静岡県富士市に多数の工場の存在が確認できます。富士市では、浦安事件の製紙会社の工場を含む約150という数の製紙関連工場から大量の汚水を海に流入していました。1960年代から100万トン規模の製紙ヘドロが田子の浦を埋めて、水深が1～2 mと浅くなり、船が座礁する状況で、内湾は褐色のココア状態であったようです（写真3.2）。そこで市は1968年に公害対策室（公害課）を設置して対応。ポンプ船でヘドロを吸い上げ、富士川河川敷までパイプで圧送して脱水していた記録もあり、1981年の「クリーン宣言」でヘドロ公害が終結しています。現在も排水基準が徹底され、湾内の水質はかなり改善しています。

＊1　浦安市ホームページ「本州製紙工場事件」
＊2　第29回国会　参議院決算委員会 1958年（昭和33年）6月13日議事録

◆ 製紙工場の流血事件で水質二法が成立
◆ 1970年の公害国会で水濁法が制定し、排水規制がスタート

3.6 土壌汚染対策法

過去に重金属や有機溶剤など有害物質を扱った製造業の環境担当者は土壌汚染の問題に直面する機会が多いようです。法規制が相当複雑で現場でのトラブルも多いので、行政はじめ土壌の専門家から多くの情報を得て慎重に対応することが必要です。

▶ 土壌汚染対策法

2002年に土壌汚染対策法（土対法）が制定されてから2回の改正を経て、2022年に20年を迎えています。環境法の中では比較的若い法令ですが、土対法は、**過去から潜在する土地の汚染状況の把握や人の健康被害の防止に関する措置を規定**しています。汚染行為よりも土壌の汚染状態が問題となるストック型の汚染といわれ、法の影響は不動産取引関連が多いようです。

法の規制を受け2020年度に汚染対策を必要とする要措置区域に指定されたのは56件ですが、その中で「周辺での地下水の飲用利用等がある（摂取経路）」は53件（95%）でした。このように法は、人の健康リスクに注目した調査を土地所有者などに義務付けて、国民の健康を保護するのが目的です。

汚染調査や対策措置が必要となるケースはかなり限られています。主に、①有害物質使用特定施設の使用の廃止時（3条調査）、②一定規模（3,000 m^2 または900 m^2）以上の土地の形質変更の届出の際に、土壌汚染があると都道府県知事が認めるとき（4条調査）、によって土壌汚染状況調査が行われます。形質の変更とは、土地の開発行為、掘削や盛土などが該当します。なお、調査の契機は**図3.7**の①～④のとおりです。

▶ 有害物質使用特定施設の使用の廃止時

特定有害物を製造、使用または処理する施設で水濁法による届出をした施設が、有害物質使用特定施設です。この施設の使用を廃止するときに、図3.7①に記載した3条調査による調査義務が土地所有者などに発生します。

①**有害物質使用特定施設の使用を廃止したとき（法第３条）**
- 操業を続ける場合には、一時的に調査の免除を受けることも可能（法第３条第１項ただし書）
- 一時的に調査の免除を受けた土地で、900m² 以上の土地の形質の変更を行う際には届出を行い、都道府県知事等の命令を受けて土壌汚染状況調査を行うこと（法第３条第７項・第８項）

②**一定規模以上の土地の形質の変更の届出の際に、土壌汚染のおそれがあると都道府県知事等が認めるとき（法第４条）**
- 3,000m² 以上の土地の形質の変更又は現に有害物質使用特定施設が設置されている土地では 900m² 以上の土地の形質の変更を行う場合に届出を行うこと
- 土地の所有者等の全員の同意を得て、上記の届出の前に調査を行い、届出の際に併せて当該調査結果を提出することも可能（法第４条第２項）

③**土壌汚染により健康被害が生ずるおそれがあると都道府県知事等が認めるとき（法第５条）**

④**自主調査において土壌汚染が判明した場合に土地の所有者等が都道府県知事等に区域の指定を申請できる（法第 14 条）**

（出典：環境省「土壌汚染対策法のしくみ」）

図3.7　調査の契機

土地所有者などは、法に基づく土壌汚染状況調査を行い都道府県知事へ報告する義務が生じます。調査は環境大臣の指定を受けた指定調査機関が実施します。

しかし、「第３条１項ただし書」により、倉庫などで引き続き利用する場合で、「工場又は事業場（従事者その他の関係者以外の者が立ち入ることができないものに限る）の敷地として利用される」に該当することが確実で、住民など人の健康被害が生ずるおそれがない旨の都道府県知事の確認を受けたときは、その状態が継続する間に限り、調査が一時的に免除されます。該当する施設の大半が「第３条１項ただし書」の適用を受けていました。

一方で、法改正により、「第３条１項ただし書」（調査の猶予）が適用されている事業場においては、900 m² 以上の土地の形質の変更時に届出義務が規定されました。改正前は、3,000 m² 未満であれば届出をせずに土地の形質の変更を行うことができましたが、現在は、900 m² 以上の土地の形質の変更時にも届出義務が発生します。

▶ 4条調査と5条調査

一般の土地に関しては3,000 m^2 以上の土地の形質の変更、有害物質使用特定施設では900 m^2 以上の土地の形質変更を行う場合に届出を行う義務があります。対象面積には盛土（仮置きや離れた場所も含む）も含まれます。土壌汚染のおそれがあると判断された場合には、法に基づく土壌汚染状況調査を実施し、都道府県知事へ報告します。法に基づく土壌汚染状況調査を先に実施して調査結果を形質変更の届出と一緒に提出すると、行政手続きがスムーズに進みます。

▶ 自主申請ができる制度

最近では、土対法には基づかないものの、土地売却の際や環境管理などの一環として自主的な土壌汚染の調査が行われています。土対法にはその結果を自主的に提出して区域の指定を申請できる制度（14条申請）があります。申請には次のようなメリットがあり、意外と広く利用されています。工場跡地などの用途転用や再開発を進めるときに利用できます。

○面倒な行政手続きを待つ時間が節約でき事業者のペースで進行できる
○土壌汚染状況調査や報告を自主的なスケジュールで管理できる
○法に基づく手続きで汚染を隠さずに公開でき信頼性向上が期待できる
○将来のトラブル発生を低減でき土地取引の不確定要素を排除できる

▶ 汚染土地は不良資産化で塩漬け？

過去の法改正によって一定規模の商業施設やマンション、倉庫建設用地などの形質の変更の際も規制対象になりました。汚染発覚で土地の資産価値の減少や調査対策費用の負担などもありますが、土壌汚染のある広い土地でも土地売買は成立し物流施設や太陽光発電所などとして開発されています。

一方、地価の安い過疎地などの汚染土地は再開発が困難で塩漬け状態のケースも見られます。

▶ 基準不適合の特定有害物

環境省が発表した「土壌汚染対策法の施行状況及び土壌汚染調査・対策事例等に関する調査結果」からデータを抜粋します。2020年度において区域指定の原因とされた特定有害物質として、ヒ素、鉛、フッ素などの第二種特定有害物質が約8割を占めていました。VOCではテトラクロロエチレン、クロロエチレン、トリクロロエチレンが多く検出されています。累計データでもほぼ同じような傾向がみられます（**図3.8**）。

▶ 調査義務の一時的免除

2020年度に第３条で規定する有害物質使用特定施設の使用が廃止された件数は817件ですが、うち同年度の間に法３条で規定する有害物質使用特定施設の使用が廃止され、かつ法３条調査が一時的に免除された件数は608件でした。前年度までに法３条で規定する有害物質使用特定施設の使用が廃止され、2020年度の間に法３条調査が一時的に免除された件数が435件あります。調査猶予を申請する企業が相当多いことがわかります。

▶ 法に基づく調査件数

2020年度に有害物質を取り扱う工場・事業場の廃止（法３条）に基づく調査が497件あり、一定規模以上の土地の形質の変更（法４条）に基づく調査が627件でした。調査の結果、要措置区域が60件、形質変更時要届出区域が458件となりました。

都道府県などが把握している調査件数として、法に基づかない調査も含めると2020年度は合計2,698件で、うち913件が基準不適合となっています。

▶ 自主的申請

自主的申請（法14条申請）で法14条の区域指定の申請がされた件数は

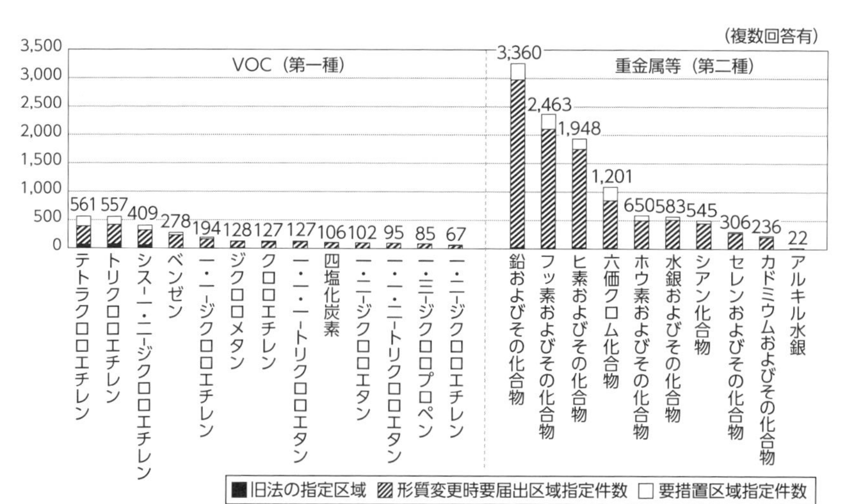

（出典：環境省「令和２年度 土壌汚染対策法の施行状況及び土壌汚染調査・対策事例等に関する調査結果」）

図3.8　特定有害物質別の要措置区域等の累計指定件数

217件で、うち要措置区域に８件が指定され、形質変更時要届出区域に指定した件数は158件でした。その158件の中で自然由来特例区域に指定した件数が12件、埋立地特例区域に指定した件数７件、埋立地管理区域に指定した件数25件です。

▶ ガイドライン（改訂第3.1版）

複雑な法の内容を理解するのはかなり困難です。企業が法に基づく調査および措置を行うための手引きとして、2019年に「土壌汚染対策法に基づく調査及び措置に関するガイドライン（第３版）」が公表されています。その改訂第3.1版が環境省ホームページで公開されています（https://www.env.go.jp/water/dojo/gl-man.html）。

▶ 農用地に限定した土壌汚染防止法

イタイイタイ病やカドミウム汚染米の発覚を契機として、農用地土壌汚染防止法が1970年に制定されました。法の目的は、カドミウム、ヒ素、銅による農地汚染の防止および除去などを講ずることで、健康被害のおそれがある農畜産物の生産を防止、または作物などの生育阻害を防止し、もつて国民の健康の保護および生活環境の保全に資することです。客土や土壌修復の費用は、事業者負担法により原因者に負担させます。

2021年度に行われた常時監視の調査は、１県５地域の84.6haが対象でした。48地点のうち４地域５地点で基準値（玄米0.4mg/kg）を超えるカドミウムが検出され、土壌汚染の最高値は4.14mg/kgでした。

なお、地下水に関しては、トリクロロエチレンなどの揮発性有機溶媒による汚染が多数顕在化したことにより、1989年に水濁法が改正され、特定事業所である工場などに有害物質の地下浸透規制がなされ、さらに構造規制（漏洩防止策）も導入されています。

◆ 自然的原因により元から有害物質が含まれる土壌も法規制の対象
◆ 特定有害物質を使用していた特定施設の廃止は汚染調査の義務が発生
◆ 掘削など土地の形質変更をする面積が3,000m^2（有害物質使用特定施設は一時調査免除の場合も含め900m^2）以上のケースは届出が必要

3.7　ダイオキシン類特別措置法

東京都北区にある豊島５丁目団地で環境基準を大幅に超過するダイオキシン類の汚染が確認され、対策地域として全国で４番目に指定されました（写真3.3）。行政によって実施された主たる対策事業は50cmの覆土です。土地の元所有者の化学会社は、東京都から１億5825万円の費用負担を求められました。

ダイオキシン類による土壌の汚染行為が行われた期間がダイオキシン類対策特別措置法（1999年制定、特措法）の制定以前の行為ですが法規制の対象になり、公害防止事業費全体の3/4の負担請求となりました（公害防止事業費事業者負担法）。汚染発覚の簡単な経緯を解説します。

大型団地でダイオキシン汚染が発覚した契機は、小学校の跡地利用計画のための土壌汚染概況調査およびダイオキシン自主的調査（2005年１月）で

写真3.3　汚染土が掘削除去された保育園の庭と対策中の豊島５丁目団地

した。土壌の基準は1,000pg-TEQ/gですが、最終的に最大240,000pg（小学校跡の地下2m）という高濃度が検出されました。団地内の公園で最大値140,000pg（地下2m）、園児が遊ぶ保育園の庭で14,000pg（地下1m）が確認されました（各TEQ/g）。TEQは毒性等量で、最も毒性が強い2,3,7,8-TeCDDを1として個々の異性体の毒性の強さを表します。ちなみに、ダイオキシン類対策特別措置法で最初に指定された東京大田区大森南の汚染地は最大570,000pg、2番目の和歌山県橋本の汚染土地は100,000pgでした（各TEQ/g）。筆者はそれぞれの現地を数回訪問して浄化を担当するゼネコンから詳しい説明を聞き、関係者からも聞き取りをしました。土地所有者などは対応で大変な苦労をしています。

さて本題の豊島5丁目汚染地域は明治時代まで水田や湿地で、後に化学工場として利用されました。人工的な埋め立てにより標高4.5 m程度に嵩上げされたので、外から持ち込まれた覆土のなかに汚染物質が含まれていた可能性もあります（**図3.9**）。

小学校跡で地下の旧地盤面を調査した理由は、造成の際に1 m程度の覆土がされたという記録（新聞記事）があったからです。2005年の詳細調査

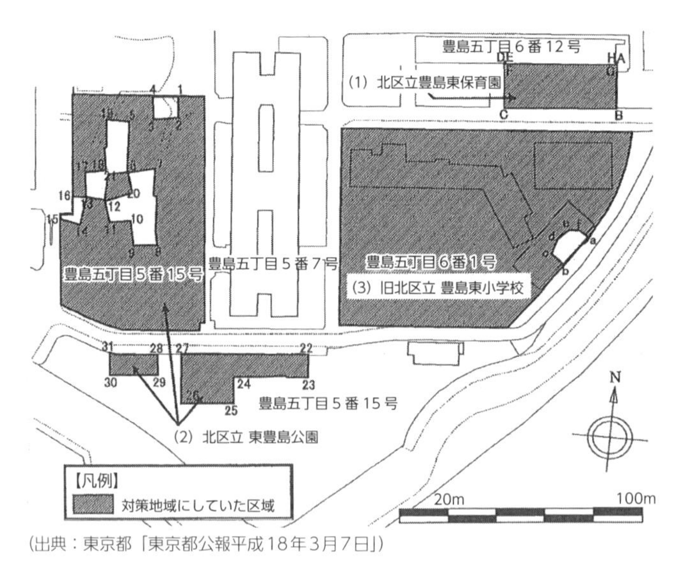

（出典：東京都「東京都公報平成18年3月7日」）

図3.9　ダイオキシン類特措法によって指定された区域

でダイオキシン類に加え、鉛などの汚染も確認しました。

特措法による団地の土壌汚染対策事業総額は約２億円で、土地を所有していた化学会社が全体の75％、国の補助が残り25％の内の55％、そして東京都北区の負担（残り25％の内の45％）は23,737,500円となりました。

▶ダイオキシン類とは

ダイオキシン類は健康リスクがある難分解性物質です。**ダイオキシン類は、塩素を含む除草剤などの加熱乾燥の際や不完全燃焼などで、非意図的に生成する有害物質**です。廃棄物焼却炉、アルミニウム合金製造施設、製鋼用電気炉、金属精錬施設、紙パルプ工場、プラスチックの野焼き、たばこの煙など多くの排出源が存在していました。

▶ダイオキシン類対策特別措置法

1998年４月に大阪府能勢町のごみ焼却炉で土壌汚染が判明してから、日本におけるダイオキシン類対策は本格的に実施されるようになりました（**写真3.4**）。その後、全国各地で産業廃棄物の焼却などによる汚染が判明して埼玉県所沢のダイオキシン報道も重なり大きな社会問題となりました。

そこで急きょ、1999年に議員立法により大気、水質（底質）および土壌の環境基準を設定し、排出ガスおよび排出水の排出基準ならびに汚染土壌に関する措置などを定めたダイオキシン類対策特別措置法が成立しました。翌2000年に施行された、世界でも珍しいダイオキシン類だけに特化した法律

写真3.4　大阪府能勢町のごみ焼却炉跡（煙突撤去後、手前は高校校舎）

表3.2　ダイオキシン類の環境基準

	基準値
大気	0.6pg-TEQ/m^{3}以下（年間平均値）
水質	1pg-TEQ/L以下（年間平均値）
底質	150pg-TEQ/g以下
土壌	1,000pg-TEQ/ g以下

です。基準超過の土壌汚染が判明した地域は全国で約50か所です。

耐容1日摂取量（TDI；Tolerable Daily Intake）は、行政が講ずるダイオキシン類に関する施策の指標であり、人が生涯にわたって継続的に摂取したとしても健康に影響を及ぼす恐れがない1日当たりの摂取量です。ダイオキシン類のTDIは人の体重1kg当たり4pg-TEQです。環境基準は**表3.2**のとおりです。

特措法の対象となる特定施設は、工場または事業場に設置される施設のうち、①ダイオキシン類を発生させ大気中に排出する施設、および、②ダイオキシン類を含む汚水または廃液を排出する施設で、政令で定めるものに限られています。

最近はダイオキシンに関して社会の関心が薄まっていますが、大阪府能勢町や埼玉県所沢の住民の血液中のダイオキシン類濃度は以前と比較してそれほど低減していないという情報もあります。環境省調査において、一般地域における人の血中濃度はピーク時からほぼ半減していますが、2012年度以降は横ばいで推移しています。背景には、**人の摂取経路は大気でなく主に魚介類など食品経由**が圧倒的に多いという事実があります。河川などから海域に流出していた大量のダイオキシン類が魚介類に蓄積していることも懸念されます。

◆ダイオキシン類だけは特措法で大気・水質から土壌まで規制
◆埋め立て焼却灰や汚泥、客土にダイオキシン類が存在することもある
◆除草剤など製造の最終段階でダイオキシン類が生成することがあった

3.8 化管法の改正

1984年、インド・ボバールにあった米国系の化学工場で猛毒のイソシアン酸メチル(MIC)が漏洩しました。このMICガスは風下の住宅地に拡散して、直後に約3,000人が犠牲になり、最終的に2万人近い死者が発生しました。全体で35万人もの被害者が出て、多くが後遺症によって苦痛な生活を強いられました。筆者が勤務していたAIGが加害者の米系化学会社に当時約500億円の保険金を支払いました。翌1985年に、米国においても同じ系列の工場から猛毒MICガスが大気に放出され、大きな問題となりました。

これらの事件が契機となって、米国で緊急対処計画および地域住民の知る権利法が1986年に制定されました。新法の主たる目的は、①化学工場など地域に存在する化学物質の情報を地域住民に提供すること、②漏洩事故により有害物質が放出された際に地域住民の安全を確保し保護すること、などです。欧州諸国も同様な法令を制定し、日本でもOECD（経済協力開発機構）の勧告により2000年にPRTR届出制度を導入したのです。

▶ 化学物質の規制

化管法（特定化学物質の環境への排出量の把握等及び管理の改善の促進に関する法律）の改正施行規則は2023年４月に施行されました。第一種指定化学物質など大幅な追加と削除が実施されました。ただし一部は公布と同時に施行しており、改正後の第一種指定化学物質排出量等届出様式による対象物質の排出・移動量の届出は2024年度から実施されます。

▶ PRTRとSDS制度

化管法は、事業者に化学物質の自主的な管理を促して、排出量の削減と環境汚染（環境の保全上の支障）を未然に防止する目的があります。化管法には２つの制度があります。その１つが**PRTR制度**（Pollutant Release and

Transfer Register）で、化学物質を排出・移動した場合に届出るルールです。PRTRでは環境への排出量や廃棄物などへの移動量を把握して国に届けます（**図3.10、図3.11**）。対象化学物質の見直しにより、PRTR制度およびSDS制度の対象となる第一種指定化学物質の範囲を462から515物質に拡大し、新たに対応化学物質分類名を付与しています。

もう1つはSDS（Safety Data Sheet）です。これは他の事業者に化学物質などを譲渡や提供する際に、**取り扱い上の注意や安全性などの情報が記載されたデータシートSDS**を広く提供する制度です。

SDS制度のみが対象となる第二種指定化学物質の範囲は、100から134物質に拡大されました。改正後のSDS提供は2023年4月1日から義務付けられ、使用者のみならずサプライチェーンの全事業者に情報が共有されるように制度設計がなされています。新規指定化学物質にはSDSの提供が求められているため、化学物質の使用者のみならず保管や物流、廃棄処分などを含む取り扱い者は内容を必ず確認すべきと思われます。

化管法第３条には自主的な管理の改善を促進するための化学物質管理指針が規定され、指定化学物質等取扱事業者が講ずべき措置を定めています。なお、「指定化学物質等」とは第１種指定化学物質および第２種指定化学物質のことです。

▶化学物質管理の法体系

環境省によると、環境中への排出の規制などにかかる法律として大気汚染防止法や水濁法などがあり、また、水銀などの貯蔵および水銀含有再生資源の管理などについて定めたものとして「水銀による環境の汚染の防止に関す

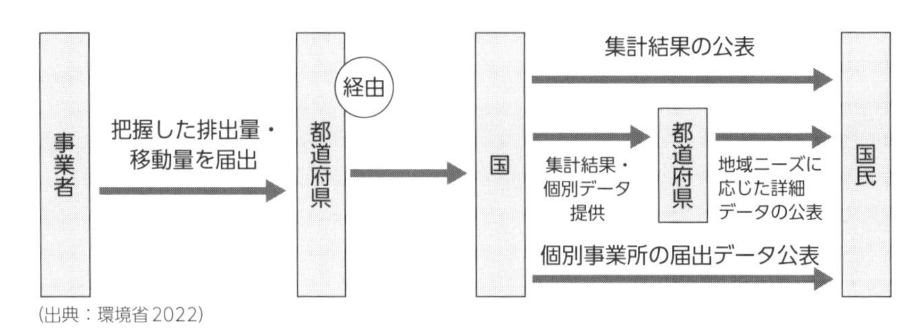

図3.10　PRTR制度（化学物質排出移動量届出制度）

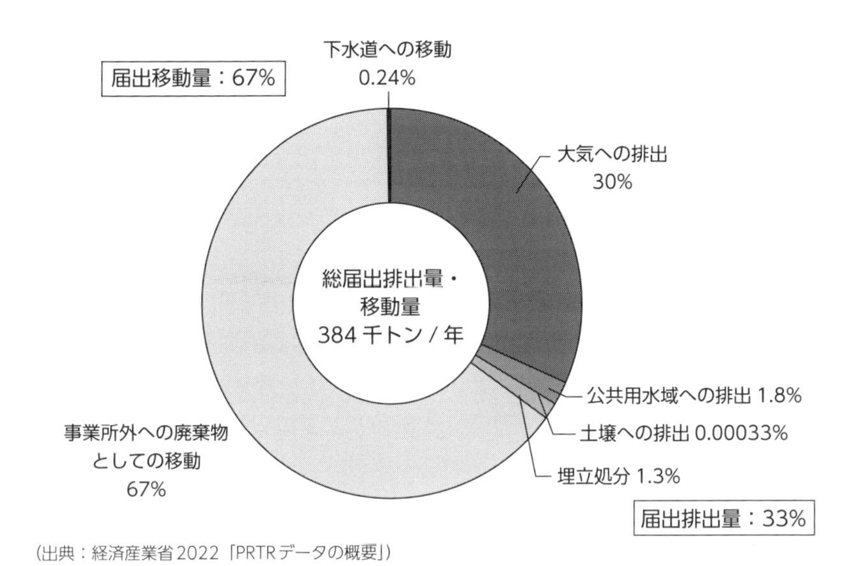

（出典：経済産業省2022「PRTRデータの概要」）

図3.11　PRTR総届出排出量・移動量の構成（令和3年度）

る法律」、水銀廃棄物を含めた廃棄物の適正な処理にかかる法律として「廃棄物の処理及び清掃に関する法律」などがあります。一方、フロン排出抑制法とオゾン層保護法は環境保全を目的としていますが、他の法令は人の健康への影響を抑制する目的になっています。この中で化管法は関係法令すべてに関係するものといえます。

企業が取り扱う化学物質の法体系は複雑です。**図3.12**にあるとおり、人の健康や環境への影響を規制するために、化管法、化審法、毒物劇物取締法、大防法、水濁法、土対法、廃棄物処理法、フロン排出抑制法など多数の法令が施行されています。

派遣社員やアルバイトに行政届出の作業を任せていたが急に退職して担当が不在になったなど、PRTR届出担当者を毎年のように変更する事業者も多く、どのような法律なのかもあいまいなまま、事務的に作業しているケースもあるようです。

毎年度の届出は義務なのでマニュアルを作成するなど業務引継ぎはしっかり対応する必要があります。**PRTRとSDS**の2つの制度は自社の**化学物質管理に有益であり、リスクコミュニケーションにも役立つ**情報です。

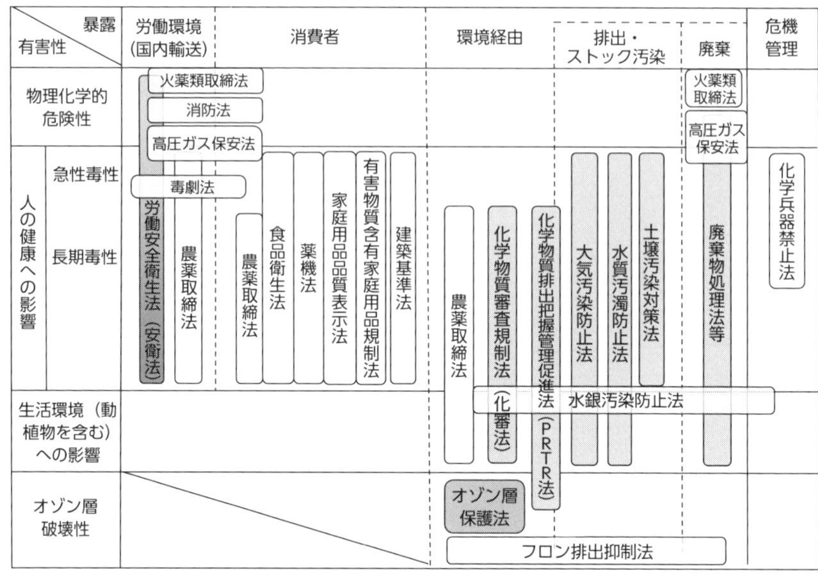

（出典：独立行政法人製品評価技術基盤機構、経済産業省）

図3.12　化学物質管理の法体系

◆ 化管法はPRTR制度とSDS制度で構成

◆ 事業者は化学物質管理指針によって自主管理を行い、管理状況に関し地域住民など国民の理解を深めるよう努めなければならない

3.9 廃棄物処理法

廃棄物に関する刑事事件は不法投棄を筆頭に検挙件数が非常に多く、廃棄物の検挙事件数は年間5,000件を超えています。水質や大気の違反数と比較すると天文学的な数になります。

これらの法令違反の原因として、改正した最新法令を知らない、知っていても法令を詳しく理解していないケースも多いようです（**表3.3**、**図3.13**）。警察庁が発表した事案では次のような具体例があります。

①産業廃棄物処分業を営む者などは、平成28年１月ごろから令和元年８月ごろまでの間、自社の産業廃棄物中間処理施設において、公共下水道内に産業廃棄物である汚泥合計約３万6,850トンを放流させるなどした。令和３年２月までに、10人３法人を廃棄物処理法違反（不法投棄等）で検挙した（神奈川）。

②コンクリート製品の製造販売会社の役員らは、千葉県知事の許可を受けないで、平成31年１月から令和元年11月までの間、267回にわたり、同社の工場において、他の事業者から処分を委託された産業廃棄物であるがれきなど合計約467.8m^{3}を破砕処理するなどした。令和２年10月までに、５法人20人を廃棄物処理法違反（無許可処分業等）で検挙した（千葉）。

③解体業者らは、平成30年８月ごろから９月までの間、太陽光発電開発工事現場において、廃棄物である石膏（せっこう）ボード破砕物など約36.5トンを埋め立て投棄した。平成31年４月までに、５人を廃棄物処理法違反（不法投棄）で逮捕した（宮城）。

▶ 外部に処理委託したら終わり？

廃棄物処理法で産廃を排出する工場や事業者がもっとも注意すべき点は、お金を払って処理委託しても最後の処分（再生）まで排出者責任があるということです。とくにマニフェストや委託契約書締結など、法が規定するルールをすべて順守する必要があります。自分が不法投棄に加担していないとき

表3.3　最近5年間における環境事犯の検挙状況の推移

	類型	2017	2018	2019	2020	2021
検挙事件数	廃棄物事犯	5,109	5,493	5,375	5,759	5,772
	うち産業廃棄物事犯	744	747	706	801	760
	廃棄物事犯以外の環境事犯	780	815	814	890	855
	合計	5,889	6,308	6,189	6,649	6,627

（出典：警察庁「令和3年における生活経済事犯の検挙状況等について」）

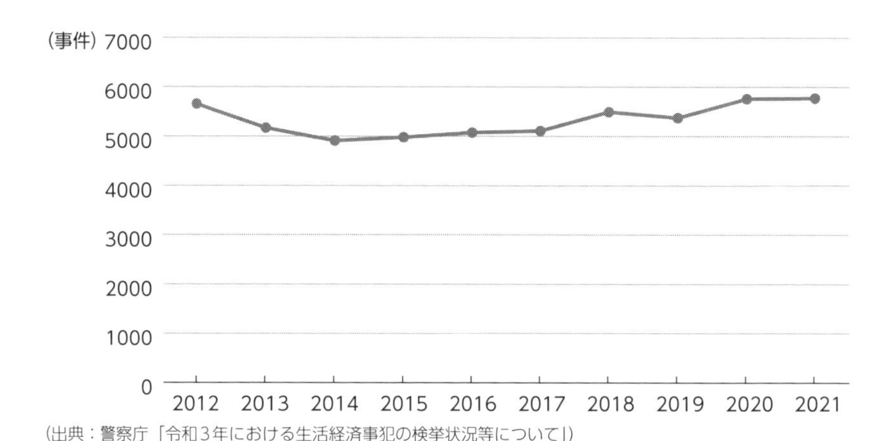

（出典：警察庁「令和3年における生活経済事犯の検挙状況等について」）

図3.13　過去10年間における廃棄物事犯の検挙事件数の推移

も含め、不適正処理の現状復帰などの措置命令を受ける可能性があります。

自社で廃棄物の処理ができない場合は専門業者に処理を委託しますが、①のように不適正処理になるケースがあります。また②のように相手が必要な許可を持っていないときは**無許可業者への委託として非常に重い罰則**が自社（排出者）にも適用されます。産廃許可しかない業者に紙くず・木くず（一般廃棄物）などを処理委託すると、無許可業者への委託となります。違反を予防するため、排出者が許可証の確認や業者施設の現地確認などを実施して万全を期すことがベストです。法令では可能な限り処理状況の確認を行い、最後まで適正に処理がなされるか否か必要な措置を講ずる努力義務も排出者に課しています。マニフェストによる管理がポイントになります。

自社敷地などに**不要なコンクリート片やがれきを埋める行為**、③のように工事現場に埋める行為も不法投棄になります。**安定型処分場に紙くずや木くずを埋め立てする行為**、①のように汚泥を下水道に流す行為などは、すべて**不法投棄として重い罰則**が適用されます。

工場や事業所で汚泥脱水や破砕などの廃棄物の自社処理をしている企業もありますが、一定規模の場合は許可が必要です。多くの事業所は第三者の監査を受けて相当数の違反を指摘されています。筆者は顧問をしている環境コンサルタント会社と企業や研究所などの監査もしていますが、法令違反が多数発覚しています。都道府県などの立入検査で法令違反が指摘されないよう、事前に廃棄物管理を徹底することは不可欠と思われます。

廃棄物処理法の骨子は、廃棄物の処理基準、収運・処分業、処理施設、委託基準です。紙面の関係で詳しい情報は記載できないため、（一社）産業環境管理協会が発行している次のような書籍をご参照いただきたいと思います。なお上から２冊は筆者が企画や編集に携わっています。

- 「図解超入門！はじめての廃棄物管理ガイド（改訂第２版）」坂本裕尚著
- 「コンサルが教える廃棄物管理のルールと実務」イーバリュー環境コンサルティング事業部著
- 「≪改訂版≫ここまでわかる！廃棄物処理法問題集」長岡文明・廃棄物処理法研究会著

◆ 廃棄物事犯の検挙事件数は年間5,000件超と違反が異常に多い
◆ 廃棄物管理は容易ではないので必要に応じてコンサルを利用

3.10 大気汚染防止法

人の健康や生活環境を守るために維持されることが望ましい基準「環境基準」の達成を目標に、大気汚染防止法（大防法）に基づく規制がされています。大防法では、工場や事業場などから排出、または飛散する大気汚染物質について、物質の種類ごと、施設の種類・規模ごとに排出基準などが定められており、排出者はこの基準を守らなければなりません。

大防法第一条には、建築物などの解体、VOC、水銀、有害大気汚染物質対策、自動車排出ガスなど多様な規制項目が網羅されているので内容がかなり複雑になっています。**石綿（アスベスト）対策である建築物などの解体など**と有害大気汚染物質は1996年改正、VOCは2004年改正、水銀の水俣条約は2015年改正で追加されたものです。最近はアスベスト関係が強化されています。

大防法の全体を眺めると、①**ばい煙の規制**、②**VOCの排出規制**、③**粉じん規制**、④**水銀規制**の４つが柱になっています。最初のばい煙規制では施設の届出と排出基準の順守がポイントになります。ボイラーなどの設備を大きく変更する際にも届出が必要です。また排煙の測定結果の記録と記録の保管が義務化されています。

法における「ばい煙」とは、物の燃焼などで発生する硫黄酸化物（SOx）、ばいじん(いわゆるスス)、有害物質（カドミウムや鉛、窒素酸化物(NOx)、塩化水素など）を意味します。空気を高温で燃焼すると発生するNOxと、硫黄含有重油などの燃焼から生じるSOxは法制度上、同じジャンルでないのが興味深いです。

▶ アスベスト建材

アスベスト含有の特定建築材料が使用されている建築物などの解体、改造、補修作業を行う際には、厳格な石綿飛散防止対策（作業基準の順守）が

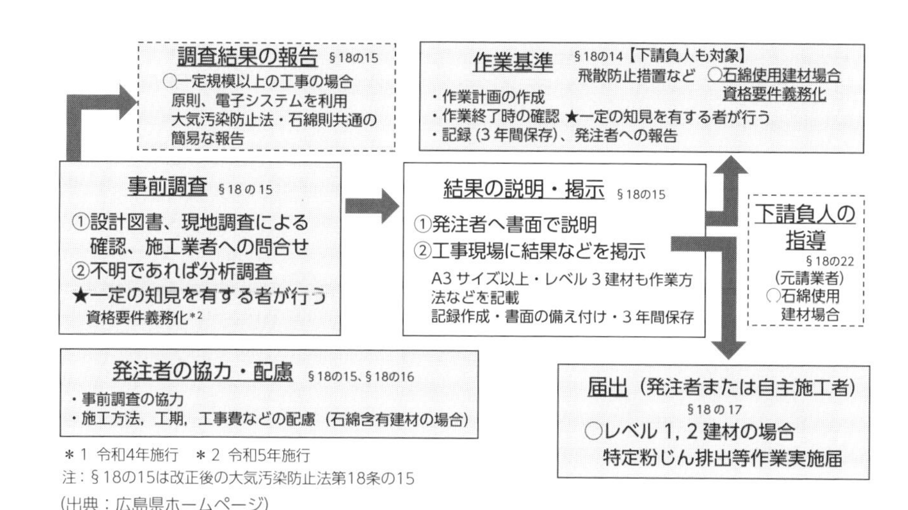

図3.14　改正後の解体等工事手続きなど

法令で義務づけられています。アスベストによる暴露リスクのある作業は、事前に都道府県などに届出を行う必要があります。

特定建築材料は、設備にも利用される断熱材、保温材および耐火被覆材、アスベスト塗材などにも含まれます。見た目では判別できないので、解体する前に特定建築材料の使用の有無を調査する義務があります。原則としてアスベストが質量の0.1％を超えて含まれているものが規制対象になります。

建築物の事前調査は一定の知識を有する者に実施させる義務があり、2023年10月1日から実施されます。いずれにしても該当する工事がある場合は、環境省や地方自治体などに詳しい情報があるので照会する必要があります（図3.14）。

◆ 大気汚染防止法の基本は排出基準の順守

◆ 特定施設の設置や変更などの事前届出が必要

有害化学物質と汚水処理技術

4.1 PCBフロン処理施設のトラブル

カナダの大自然はロッキー山脈もあり大変すばらしいです。広大な森林の中に難分解性の有害廃棄物を処理する近代的な施設があります。所有している州政府があなたを社長に任命し、経営を任されたら、どのような経営をしますか。これはとても難しい質問です。では、質問を変え、奥深い森の中で、廃棄物の燃焼にどのような環境リスクがあるか考えてみてください。「自分が所有する工場」と想定しながら本文をお読みいただければと思います。

現代社会が生み出した難分解性物質は大量に生産されていますが、不要になって廃棄されると環境中に蓄積することで生態系や人類の未来を危うくする可能性さえあります。ポリ塩化ビフェニル（PCB）やフロンなど難分解性の有害廃棄物を処理する北米最大規模の施設がカナダにあり現地を訪問しました。大型の専用炉でPCBやフロン、シアン化物などを超高温で破壊し、発生する廃液は浄化して地下1,800mの地層に圧入しています。敷地から廃棄物を一切外部に出さないクローズド・システムが自慢の施設です。

しかしながら過去の記録を調べてみると過酷な運命を辿っています。現在も大きな問題をかかえ、苦難に満ちたイバラの道を歩んでいます。スワンヒルズ廃棄物処理センター35年の歴史と課題を解説します（**写真4.1**）。

▶ 広大な針葉樹林

カナダの広大な森林の中を75kmほど走ると、化学工場のような大きな施設が突然現れ、「スワンヒルズ廃棄物処理センター」の表示が見えてきます。この処理センターが立地するスワンヒルズ地区の総人口は数百人規模で、コミュニティ全体でもわずか1,300人ほどの僻地（へきち）です。スワンヒルズ村役場によると、この処理センターは110人という最大の雇用を生む産業であり、その最先端のワールドクラスの処理プロセスを見学する人もすごい数になるといわれます。カナダ国内や隣国の米国、EU諸国はもちろん、中

写真4.1　森の中に立地するスワンヒルズ廃棄物処理センター

国や韓国などアジアからも多数の見学者が訪れ、見学者は自国や自社での有害廃棄物処理の参考にしています。

処理センターの創業は1987年で、カナダ内陸にあるアルバータ州政府の出資によって建設されました。当時、カナダで唯一の高濃度PCBを分解できる施設として認可され、1992年に100億円レベルの拡張工事を経て、すべての種類の有害廃棄物とその残留物を完全に処理できる機能を誇っていました。

▶ 処理する有害廃棄物

殺虫剤や除草剤などの農薬、漂白剤、揮発性有機化合物（VOC）など廃溶剤、フロン類、廃アルカリ、廃酸などを安全に処理できるとされ、製造業や石油関連企業のみならず学校・研究施設から生じる雑多な化学薬品なども処理されています。さらに、PCBトランスや蛍光灯安定器、重金属や顔料、フロン類、VOCを含む塗装スラッジなども米国とカナダ全土から受け入れています。ただし弾薬など爆発物と放射性廃棄物は受け入れ禁止になっていると聞きました。そして、自動車バッテリーやタイヤなど法に基づくリサイクルシステムがある廃棄物は扱っていないとの説明も受けました（図4.1）。

▶ 廃棄物の処理方法

処理プロセスはメインが1,200℃の高温焼却であり、焼却性能に関する第三者によるテストでは、PCBを99.999999％まで破壊除去できる能力が証明されています。さらに年間35,000トンの処理能力を持つロータリーキルン（回転焼却炉）も導入されています。廃液から除去された固形物や焼却灰（フライアッシュ含む）は不溶化かつ安定処理され、屋根付きの埋立セルに処分されます。セルが廃棄物で満杯になると屋根は次の場所に移動します。管理型埋立地に処分する前の処理残留物の安定化が厳格に義務づけられています。また、地下深く圧入する排水は浄化する義務があります。

物理化学処理も年間2,000～2,500トンの処理が実施され、化学処理は、主に廃酸や廃アルカリなどの中和処理です（**図4.2**）。中和された廃液は固液分離のために膜技術を利用してろ過されます。固体残留物は不活性化合物に処理されて、オンサイト埋立セルに処分されます。埋立セルは底とサイドの3面が2重の厚い遮水シートで覆われ、埋立完了後に強固なポリエチレン樹脂と圧密粘土で上部がカバーされ雨水が浸透しない構造になっています（**図4.3**）。表面緑化には芝のみが許可され、大きな植物や樹木は禁止されています。根が遮水カバーを破る可能性があるからです。法令でも禁止されているので、高さ15cm以上の植物が閉鎖処分場上部に繁茂することはありません。処分場セルの浸出水（ゴミ汁）は揚水してプラントの焼却炉に噴霧されて、他の廃棄物と一緒に燃やされます。

プロセスで発生する汚水は有害物などが除去されて、基準以下に処理された水が地下1,800mの安定地層に圧入されます。完全なクローズド・シス

廃接着剤、エアロゾル、アンモニア有害廃棄物、不凍液、漂白剤、バーベキュースターター、洗浄液、消毒剤、排水クリーナー、除草剤、金属光沢剤、マニキュア液、廃油、オイルフィルター、オーブンクリーナー、塗料、農薬、写真薬品、殺鼠剤、廃溶剤、プール用の化学薬品、未使用または古い処方薬、ワックス、木材防腐剤など

※ただし、再生システムがある自動車用バッテリーやゴム製タイヤは受け入れしない

図4.1　スワンヒルズ廃棄物処理センターの処理リスト

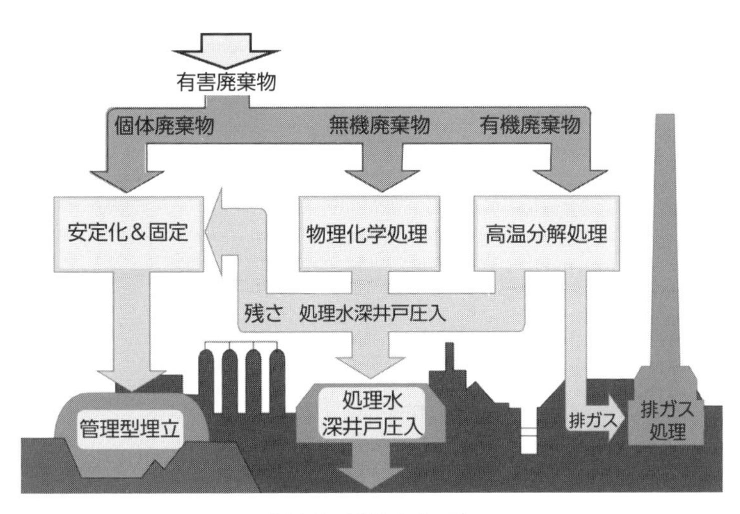

図4.2　処理イメージ

テムで、処理プラント敷地から外部に廃液や有害物が出ることはないと説明を受けました。

▶ ガスの漏洩事故と調査

煙道ガスは大気放出前にスクラバーによる多段階プロセスで浄化されます。しかし1996年10月には焼却炉のトラブルにより、PCB、ダイオキシン類を含む有毒物質が排煙と一緒に大気に大量放出されました。PCB焼却炉内で煙道ガスからプロセスガスを分離する分離フランジとダクトの伸縮継手の故障が事故の原因でした。山奥なので住民の被害はないと考えましたが、それは誤りでした。

州政府は、健康被害の予防策としてシカなど野生動物と川魚を摂取しないよう地元住民に勧告し、周辺での狩猟や釣りが禁止されました。先住民の一部は野生生物を生活の糧にしていたのです。多くの市民も狩猟や釣りを楽しんでいました。分析結果は次のような結果でした。

①PCBとダイオキシン類の汚染レベルは、シカとヘラジカで急上昇
②高濃度のPCBとダイオキシン／フランがマスの肝臓と筋肉で検出
③住民の約40％が野生動物や魚を食べており、一部住民は大量に消費

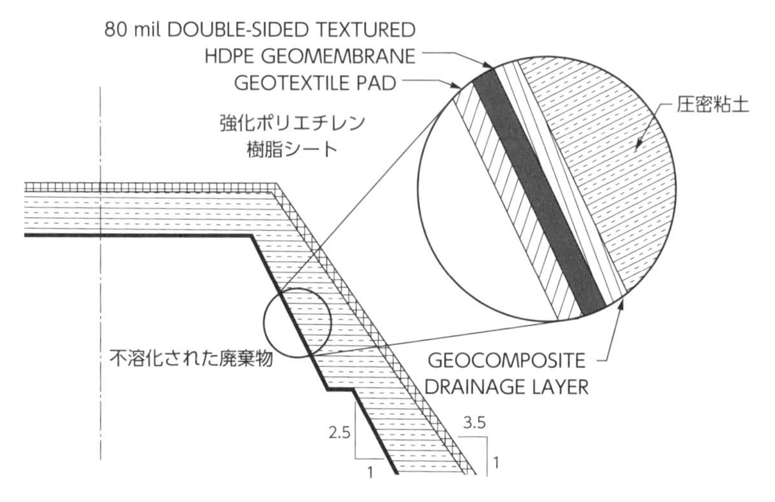

図4.3　処分場トップカバーの遮水構造イメージ

▶ 半径30kmの狩猟肉・魚は食べるな

調査研究の結果、処理センターの近くで野生の狩猟肉や魚が摂取されると、曝露（ばくろ）可能性が高まることが判明。そこで、人の生涯にわたる健康リスクを検討し、処理センターの半径30kmから得られる狩猟肉などの消費を制限しました。その後、規制の範囲は半径15kmに縮小されました。

当局は、付近にある湖沼や河川のカワマスなど魚の消費を週に178g以下に制限し、とくに汚染濃度が高い内臓や脂肪を食べないよう指導し、妊娠中または授乳中の女性、乳幼児は狩猟肉や魚を摂取しないよう勧告しています。

焼却プラントでは、過去に少なくとも3回のガス放出事故を起こしています。火災・爆発事故で10か月間にわたり操業を停止した際に、数億円の営業損を被り経営は危機的状況になったこともあります。

▶ 遠方の住民が汚染リスクを懸念

この処理センターを2022年段階で運営するのはスエズ社の子会社です。スエズ社はフランスに本部を置く水処理と廃棄物処理の巨大企業で総従業員数は8万人レベルです。スエズ社は処理センターの半径20kmで定期的なモニタリング監視をしていますが、一部の研究者は90km離れた風下の湖や川の堆積物にも危険レベルの化学物質が存在すると主張しています。

処理センター付近に降った雨はスワン川に流入し、その河川水はレッサースレーブ湖に流れ込みます。調査の結果、PCBやダイオキシン類がレッサースレーブ湖の堆積物コアサンプルに含まれていました。さらに、未処理ガスの漏洩（ろうえい）事故、火災や爆発事故が発生した年の堆積物に濃度の異常な上昇が確認されました。排ガスのばいじんなど微粒子も、雨や雪などに取り込まれ表流水とともに湖沼に流入しゆっくり沈殿します。難分解性のPCBやダイオキシン類が湖底に堆積物として固定され、堆積年代ごとに汚染物質が記録されるようです。運営するスエズ社は有害化学物質を調査するために、各地でコアサンプルを採取することに同意し、住民の意向に応じて70kmから160kmも離れた湖沼なども調査したと報告されています。

▶ 潜在する課題

(1) 運営委託業者

最初の課題は、施設運営者がたびたび変更されることです。州政府が出資した公的施設なので入札などで操業する委託業者がしばしば交代します。当初はBovar社が建物を所有し、その子会社であるChem-Security社によって施設が運営されていました。1999年に輸入廃棄物の処理が許可されたが、民営による経営難から2001年に所有権はBovar社から州政府に戻りました。2002年には、Earth Tech社が施設運営者に選定されましたが、その会社は2008年にAECOMによって買収され、その後、同社の支配権がSENA Solid Waste Holdings社に譲渡されました。その後はSENA社を傘下にしている多国籍企業であるスエズ社が施設運営を委託されています。

(2) 処理コストと負の遺産

次に問題なのがコストです。当初、1990年ごろの廃溶剤の処理コストが3,000ドル（当時37万円／トン）と通常の7倍以上もかかり採算が合わず赤字経営でした。州政府の補助で処理コストを1,000ドル／トン程度に下げましたが、それでも業界平均の2倍強といわれました。州政府は顧客の処理費用の70％を当初負担せざるを得ない状況でした。施設の安全にかなりの力点を置いたので、設備投資と維持管理費が高すぎたのです。設計段階の事業計画（液状廃棄物処理）と異なる固体廃棄物が多く、実際の操業経費が高くなってしまったようです。

燃焼温度1200℃という高温の焼却施設は温度維持が難しく熱による劣化も激しく、接合部からガス漏れも発生します。そのため、配管・ダクト含む設備の改修や部品交換など維持管理費が高くなります。

（3）住民訴訟

最大の課題は住民からの訴訟リスクです。住人や環境団体から操業の差止訴訟が提起されています。州政府が関係しているので提訴しても棄却されることも多いようですが、裁判での解決には長い時間と費用がかかります。

（4）負の遺産、地層処分

処理センターがあるアルバータ州には油田が多いことで有名です。周辺にも有望な油田地帯がありますが、過去30年以上も大量の廃液を地下深く注入しているスワンヒルズでは、フラッキングができない事情もあるようです。フラッキングは、石油や天然ガスなどを採取するために高圧で頁岩層に薬剤流体を注入する手法ですが、下手に地下をボーリング掘削すると膨大な量の圧入水が噴き出てくる可能性もあります。

（5）終焉（しゅうえん）の時期

北米もコロナ禍や燃料高騰などで大きな打撃を受け、予定した廃棄物搬入が見込めず経営は困難な状況になっています。スエズ社は2029年まで運営権を持っていますが、施設や設備の耐用年数の問題もあり処理センターはついに2025年に閉鎖される予定です。センターの110人という雇用が消えることは、総人口1,300人の村にとって死活問題です。年間税収、約1億円も消えます。残された問題は、閉鎖後の監視と維持管理です。州政府はこの処理センターにおける汚染浄化のすべての責任を負う契約を運営委託者と締結しています。

- ◆「ゆりかごから墓場まで」の有害化学物質は最後まで管理が必要
- ◆例えば99.9999％の分解効率でも、0.0001％が燃焼せずに外部放出
- ◆森林に生態系サービス（生態系の恵み）があり、汚染は許されない

4.2 VOC汚染の浄化30年

昭和から平成の初頭まで、半導体製造などでトリクロロエチレンなど揮発性有機化合物（VOC）は大量に使用され、テトラクロロエチレンもクリーニングの洗浄液として大量に使用されました。VOCの一部は、発がん性などが懸念されるため使用が規制されています。

浄化がほぼ完了しているはずの工場で再度汚染が検出された場合、どのような汚染対策がベストなのか。最近の対策工事はどのようなものになるのか。こういった場合に参考になる事例を紹介したいと思います。

▶ 法に基づく土壌調査

多くのマスコミや書籍に掲載されたVOC汚染サイトが千葉県にあります。この半導体工場では地下水揚水などによる浄化を30数年間にわたり継続していました。最近になって工場の操業をすべて終了し、有害物質使用特定施設の使用を廃止するため土壌汚染対策法（土対法）に基づく調査を実施して、結果を県に提出しました。その後、工場は要措置区域等に指定され、指示された浄化措置等の計画書が土地所有者である株式会社東芝から千葉県に提出され受理されました。

浄化に関する千葉県君津市の環境審議会に続き住民説明会が実施され、工場建屋43棟の解体と土対法に準拠した汚染対策工事が着手されました。公開された情報や過去の経緯から事実関係をまとめたので住民説明会の状況も含め解説します。なお、土地所有者である東芝により土壌汚染対策工事が2018年6月から実施され、当該工事が2020年1月6日をもって終了しました。なお、汚染の発覚は1987年でした。

▶ 先進的な揚水曝気（汚染浄化）

今から30年程前ですが、来日した同僚の米国人環境コンサルタントと一緒に君津市のVOC汚染地区を視察しました。当時の行政担当者とも意見交換しました。半導体製造工場の汚染調査は世界レベルの進んだものあり、米国で実施されている調査技術と比較しても遜色のないものでした。

1989年に、この汚染現場が広く報道されてから環境省はじめ全国の行政関係者など多数の見学者が現地に押し寄せ、国会議員なども自民党から共産党まで多数視察し、その後の環境政策に大きく影響しました。

汚染源の工場は東芝の子会社で、高台にあり建物が密集しています（**写真4.2**）。揚水した汚染地下水は、シャワー状で大気に接触する曝気（ばっき）処理により無害化してから一部再利用します。工場近くの運動公園では揚水した地下水を浄化して庭園の池へ流していました。池には鯉が元気に泳いでいて、公園の隅に設置された大きな揚水曝気装置が稼働していました（**写真4.3**）。

▶ 工場の操業履歴

汚染源である東芝コンポーネンツの創業は戦前（1939年）の真空管の販売事業に遡ります。その後、1970年になって半導体の製造に転換しました。そして1973年には大手メーカー東芝に吸収合併され、1980～90年代は順調な経営でした。

当時の企業は金属洗浄などでトリクロロエチレン（TCE）やテトラクロロエチレン（PCE）などのVOCを大量に利用していました。1,2-ジクロロエチレン（1,2-DCE）は北海道から九州まで工場の地層中で頻繁に検出されますが、この物質は過去に現場で使用した経歴がない場合がほとんどです。地中の微生物作用などによる新たな分解生成物です。土壌・地下水中の嫌気条件下での還元脱塩反応により、テトラクロロエチレンからのトリクロロエチレン生成、さらに1,2-ジクロロエチレンなどへの分解があります。そのため、分解生成物であるクロロエチレン（塩化ビニルモノマー）や1,2-DCE（シス体とトランス体）といった項目が地下水環境基準として設定されています。

▶ 法による区域指定

社会経済の変化によって、2011年には東芝による大規模なリストラ策が導入され、九州、静岡、千葉の3拠点が閉鎖となりました。約4万m^2の広い敷地を持つ千葉の東芝コンポーネンツも2012年には操業を終了させ、同じ工場の設備を使って他社に半導体などの生産を委託していました。

この委託生産も2014年に終了したため、有害物質使用特定施設の廃止（水濁法）に伴って土地所有者である東芝などによる土対法の調査が実施さ

写真4.2　旧東芝コンポーネンツ株式会社 君津工場・対策工事前（君津市）

写真4.3　公園に設置された揚水曝気装置（霧状の汚染水からVOC除去）

れました。2017年3月に調査報告書が千葉県に提出され、同年12月に土対法に基づく要措置区域及び形質変更時要届出区域に指定され、要措置区域に関する指示措置は原位置封じ込めまたは遮水工封じ込めでした（**表4.1**）。「封じ込め」とは有害物質をその場に残したまま隔離し拡散防止するイメージです。その概念図を**図4.4**に示します。

表4.1　千葉県告示などで開示された指示措置

区域の種類	基準に適合しない特定有害物質	講ずべき指示措置
要措置区域	トリクロロエチレン シス-1,2-ジクロロエチレン	原位置封じ込めまたは遮水工封じ込め
	テトラクロロエチレン 1,1-ジクロロエチレン 1,1,1-トリクロロエタン	地下水の水質の測定
形質変更時要届出区域	フッ素及びその化合物 鉛及びその化合物	なし

（出典：君津市ホームページ）

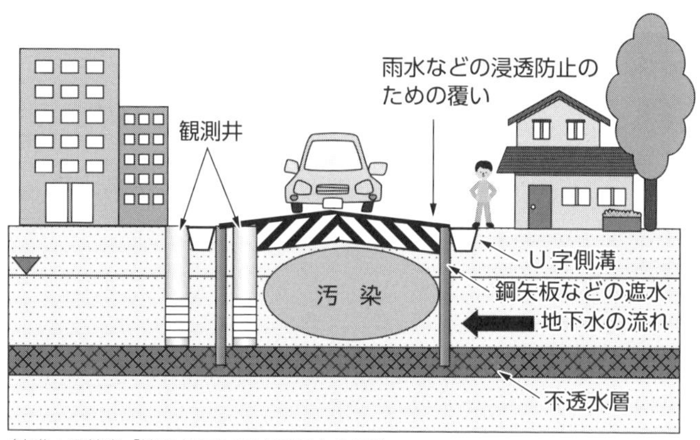

（出典：環境省「地下水をきれいにするために」）

図4.4　原位置封じ込め措置

▶ 説明会における住民の質問や要望（筆者出席）

浄化工事前の住民説明会で、一般市民や議員などから要望や意見が多数出ています。「新聞のニュースで土壌地下水の記事を見たが理解できない。工場の操業中にたれ流ししたのが原因だと理解しているが工場敷地外で人体に有害な影響範囲はどこまでか」（2018年6月）という趣旨の質問もありました。これに対し事業者側からはおおむね次のような回答がありました。

○土対法がない時代に汚染が発覚し、約1km先の井戸でも汚染を確認
○汚染拡大防止のため遮水措置をして工場境界にはバリア井戸を設置
○人体に対する発がん性はたばこの方がリスク（発がんのおそれ）は高い

○１日２Ｌの水を70年飲み続けて10万人に１人が発症する確率なので健康被害の可能性はかなり低い
○工場敷地の外側についても君津市と地下水のモニタリングを実施

地下水飲用でがんなどを発症することはない、といった趣旨の回答に対し、「敷地外で観測している井戸の水質データを開示できるか」という要望もありました。他の意見では、「汚染土と掘削した廃棄物（汚泥など）を搬出するトラックによる交通公害と雨天時の汚染飛散や漏洩、通学児童など交通事故の懸念」なども寄せられました。同級生が大型トラックでケガをしたという住民の方は「大型トラックのすれ違い時がとくに危ない」と交通事故を警告しました。

「住宅地の狭い道路を通るルートを変更してもらいたい」、「少子高齢化が進んでいて小学１年生が４名しかいないので通学時は児童をしっかり守りたい」といった意見に対して、企業側は次のようなコメントをしました。

○工事場内の見学はできないが現場に情報開示室を設置してすべて開示
○雨水に溶けることが問題なので、雨の日は工事を原則中止して搬送物はシートをかけて雨水が触れないようにする
○工事場内の雨水は有害物に触れないようカバーをして、溜まった水はポンプで汲み出す
○運送中に汚染土等をこぼしたら飛んで行ってすぐに回収する
○住宅地のトラック走行は徐行をして歩行者優先、通学時間をはずす配慮をして学校側にも了解をとる

トラックの走行頻度に関して事業者側は平均20台と説明していたが、ピーク時には何台になるか、という質問が出ました。それに対して、掘削除去が12月から２月に予定され最高台数は80台になると回答。この数字は約25台のトラックで１日３往復する延べ台数です。

鉛汚染に関する質問で「配布資料と説明で鉛の話がないが地下水に鉛汚染はあるのか詳しい説明が欲しい」という趣旨の要請に対して事業者側は、地下水に鉛の汚染がないこと、工場敷地には水に溶け出さない鉛の含有が確認されたこと、さらに現法下で健康被害のおそれがないため千葉県知事から指示措置が出ていないことを丁寧に説明していました。「掘削工事で土圧（地下水の水位などを含む）が変わるので２か月に１回は地下水の観測をしても

らいたい」という要請もあり、さらに住民説明会に参加できない地元の方のために文書の説明がほしいという自治会の要望もありました。これに対して回覧資料を作成する意向を説明者は表明しています。

▶ 住民説明会の感想

住民説明会は録音や撮影が禁止なので記録は手書きメモに限られましたが、比較的穏やかな雰囲気のまま終了しました。事業者が説明会の案内を自治会の回覧板で周知したことがよかったと思います。主催者側の関係者が約20人に対し、参加者は20人程度と少数なのが印象的でした。説明会参加を不特定多数に呼びかけると興味本位の市民運動家や反企業ジャーナリストなどが参加して意地悪な質問攻めなど、会場を混乱させるリスクがあります。これは地元市民にとっても非常に迷惑なことです。また、ほぼ予定の時間で質問を終了させ、説明会終了後に関係者が残って住民の個別質問に応じる、という手法も説明会をスムーズに進行させる上で評価できます。

▶ 土壌汚染対策法に規定する対策措置

一般的にVOCの対策措置は次のような方法があります。

①汚染土壌・地下水を原位置で浄化する方法

②汚染土壌ガスを抽出（吸引）する方法

③汚染地下水を揚水する方法

④汚染土壌を掘削除去する方法……など

鉄粉や微生物を利用した浄化法なども様々導入されていますが、マンションへの跡地転換の場合は汚染土の掘削除去が多いようです。

▶ 工場敷地の調査で処分場跡を発見

話を本論に戻します。土対法が定める有害物質のうち公定法の手順により使用履歴のある7物質が調査対象となり、クロロエチレン（塩化ビニルモノマー）、トランス体の1,2-DCE、1,4-ジオキサンなどは調査の対象外でした。敷地は一辺10ｍまたは30ｍメッシュの425区画に分けられ、2015年3月から2017年3月に汚染調査が実施されました。その結果、敷地内には自社専用の埋立処分場（閉鎖済）があったことが判明しました。従業員は敷地内に処分場跡地があったことを知らなかったとのことです。処分場に埋め立てられた汚泥は、主に過去の廃水処理施設から出たもので不溶化処理していました*[1]。

図4.5に示すとおり表層の土壌ガスは10mメッシュ2区画のみで検出され、当該区画のボーリング調査でTCEおよび、シス1,2-DCEなどのトリクロロエチレン（TEC）分解生成物が基準不適合となりました。過去には地中の汚染溜まり（ドロドロの原液状態）ではTCE濃度が30％前後もあったのに、今回は425区画のうち表層2区画だけでした。その理由として、長期に及ぶ土壌ガス吸引など対策の効果があったと思われます。

一方、「汚染発覚から30年以上も経過しVOCが地中深く浸透し拡散した古いサイトにおいて広域のVOCガス調査を実施することは、その費用対効果はそれほど期待できない」という意見もあります。

シリコンウエハー加工などで使用したフッ素も第2溶出量基準超過が10mメッシュ2区画で判明、鉛に関しては含有量基準不適合の範囲が工場建屋付近で複数点在し、原因は廃棄したハンダくずです。

▶ **地下水汚染**

周辺地下水は君津市による調査が継続して実施されました。1987年に

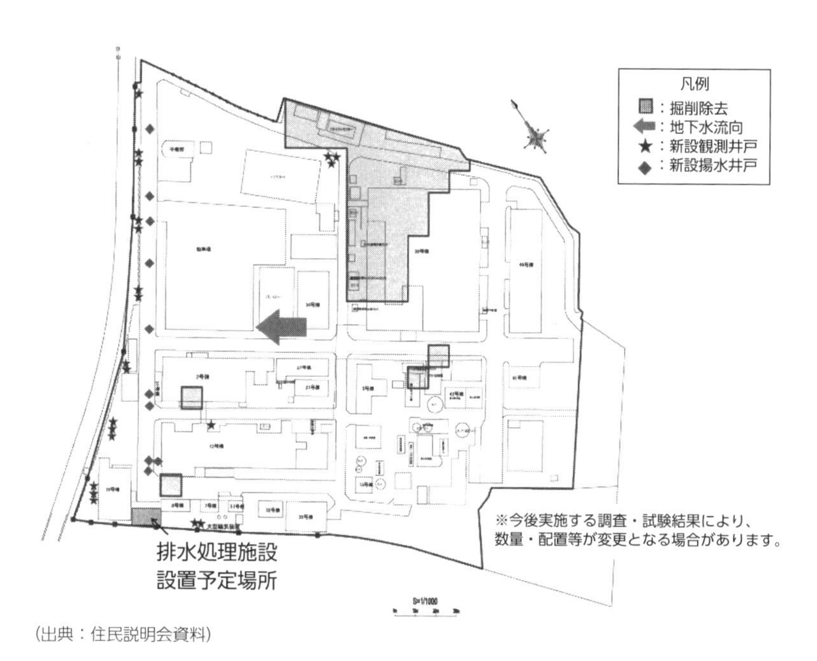

（出典：住民説明会資料）

図4.5　工場跡地の平面図

VOC汚染が判明してから観測井戸のTCE濃度は改善しましたが、全体を俯瞰すると横ばい傾向です。観測地点の汚染濃度は井戸立地や深度、揚水状況、地質で大きく異なりますが、TCEは浄化開始から濃度は急に下がり、時間の経過によって徐々に緩やかな減衰傾向になっていました。

一方、TCEの濃度減少と比較して、その分解生成物である1,2-DCEは基準を超過し濃度は高止まりのようにみえました。工場からもっとも離れている深度48.5mの第3バリア井戸の汚染濃度もある程度下がってきたようですが、汚染濃度の減少スピードは以前と比べてやや落ちています。なおバリア井戸とは、汚染源からみて地下水流の下流側に揚水井戸群を横断的に連続設置して地下水を汲み上げて汚染物質の下流への拡散を防止する方法です。

▶ 地下水汚染の状況の変化

TCEについて、1991年2月から2018年3月までのデータが君津市環境審議会で公開されました。最高濃度はそれぞれ40mg/L、12mg/L、4.7mg/Lと大幅に低下しています。

観測井戸の超過本数は、1991年（上記と同月）に観測井戸73本中42本が基準超過、2011年に77本中11本、2018年には76本中16本が基準超過という結果がでています（**表4.2**）。直近の超過件数が増加しているのは2014年11月に地下水の環境基準が0.03mg/L以下から0.01mg/L以下に強化された影響があります。なお2015年10月21日施行の改正省令では地下水の水質の浄化措置命令に関する浄化基準も0.03mg/Lから0.01mg/L

MEMO▶ 地下水の環境基準の強化

平成21年11月環境省告示第79号により、地下水環境基準に、1,2-ジクロロエチレンとクロロエチレン（塩化ビニルモノマー）、1,4-ジオキサンが新たに追加されました。なお1,2-ジクロロエチレンは、シス体、トランス体合わせて1つの地下水基準項目となっています。この環境基準は環境基本法第16条に基づく人の健康の保護および生活環境の保全の上で維持されることが望ましい基準です。これらの基準は新たな科学的知見に基づいて必要な見直しがなされます。

に改正されています。

TCEの分解生成物である1,2-DCEは2011年８月に77本中25本（最高19mg/L)、2018年３月には76本中28本（最高8.9mg/L）が基準超過となっていました（表4.2)。

▶ 新たな浄化対策

現場で要措置区域に指定された区画は、揚水井戸と水処理施設による無害化処理をして、汚染濃度が高い部分は掘削して除去しました。その最大掘削深度は13mです。形質変更時要届出区域に指定された区画に対して法による指示措置はありませんが、汚染土壌と埋設廃棄物の掘削除去（深度は最大7m）を実施しています。

▶ 地下水の揚水曝気

地下水揚水に伴う地盤沈下を監視するため水準測量を行うとともに、地下水下流側に観測井戸を設置して定期的に水質をモニターします。揚水曝気を開始して数十年経過している状況で、付近の地層はどこまで浄化されたかは正確にはわかりません。工場跡地では第１帯水層と下部にある第２帯水層にTCEなどの汚染が確認されていました。法に基づく指示措置は「原位置封じ込め又は遮水工封じ込め」ですが、これでは汚染物質は半永久的になくならない状況です。そこで土地所有者など企業側は要措置区域に関して「現場の状況を考慮して指示措置と同等以上の対策である揚水施設による地下水汚染の拡大防止等を実施する」といった内容で計画書を県に提出して、2018年３月に受理されました。そこで従来の対策も継続しつつ、さらなる揚水施設（バリア井戸）と観測井戸を設置しています。

表4.2　観測井戸の地下水基準超過率

基準超過物質	1991年2月	2011年8月	2018年3月
トリクロロエチレン 最高濃度 (環境基準0.01mg/L)	42/73 超過57.5% 40mg/L	11/77 超過14.3% 12mg/L	16/76 超過21.1% 4.7mg/L
1,2-ジクロロエチレン 最高濃度 (環境基準0.04mg/L)	(観測対象外)	25/77 19mg/L	28/76 8.9mg/L

(出典：君津市資料より転記)

揚水施設に関しては、地下水流向の下流側である境界敷地に第1帯水層揚水井戸を6本、第2帯水層揚水井戸に4本（上部帯水層に2本と下部に2本）をそれぞれ設置しました（**図4.6**）。くみ上げた地下水は多段式曝気と活性炭吸着によって敷地内で無害化することを計画しました。これらの揚水井戸の外側には観測井戸を複数設置して、定期的に水位や水質をモニタリングします。

▶ **掘削除去**

濃度が高い汚染土は掘削除去を実施し、VOC汚染の2区画（掘削深度は13m）とフッ素汚染3区画（掘削深度は6〜7m）の対象土地を掘削しました。汚染土壌の体積は5区画3,453m^3（全体の掘削土の総量は4,137m^3）で、改良工事の対象面積は500m^{2}となっています。図4.6には、菱形がTCEなどVOC汚染、三角がフッ素汚染の区画を示しています。汚染は少なくとも地下17m程度まで確認されていますが、湧き出す地下水もあるため鋼矢板で周囲を補強しても掘削深度はおそらく最高13m程度が限度のようです。

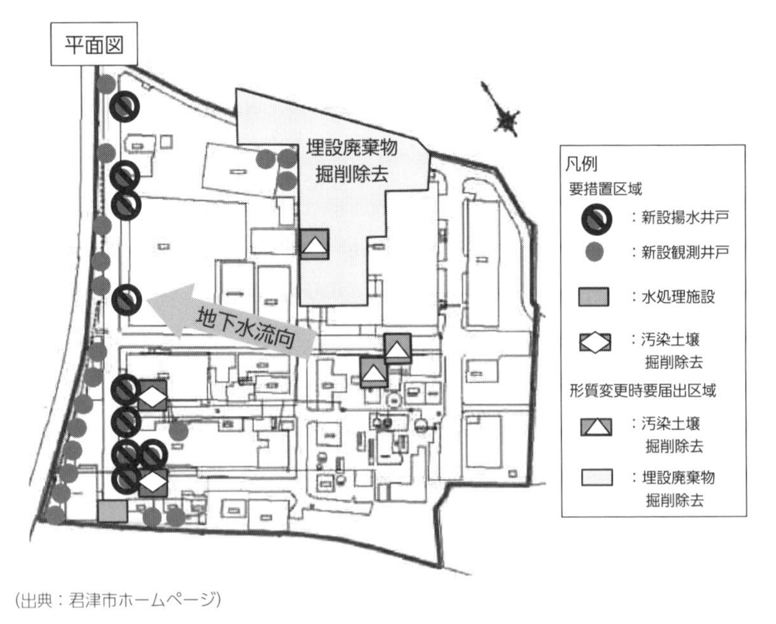

（出典：君津市ホームページ）

図4.6　工場跡地の平面図

一方、地下1.7～3.9mに埋設された廃棄物は最高4.8mの深さまで掘削し、土量3,794m^{3}の除去をします。敷地境界近くに深い部分の埋設廃棄物が存在しています。改良工事の対象面積は3,750m^{2}となっていて、これはVOCとフッ素の掘削面積の7倍以上もあります。搬出汚染土は敷地外の許可施設（汚染土の洗浄）、およびセメント工場に向け搬出します。掘削跡地には良質土、地元君津の汚染のない山砂を埋め戻します。埋め戻し後の敷地表面は舗装して雨水が浸透しないよう対策をします。

▶ **建屋解体**

解体する建屋総数は43棟で掘削予定地の土間基礎も撤去します（**図4.7**）。汚染が基準を超えていない部分の基礎は残して上屋のみを解体して、一部アスベスト建材があるので該当する部分は法に基づいて適正処理しています。

▶ **影の功労者**

読者の方にぜひ知っていただきたい人物がいます。平成の時代がスタートしたころに君津工場の総務責任者をしていたHさんです。約30年振りにお

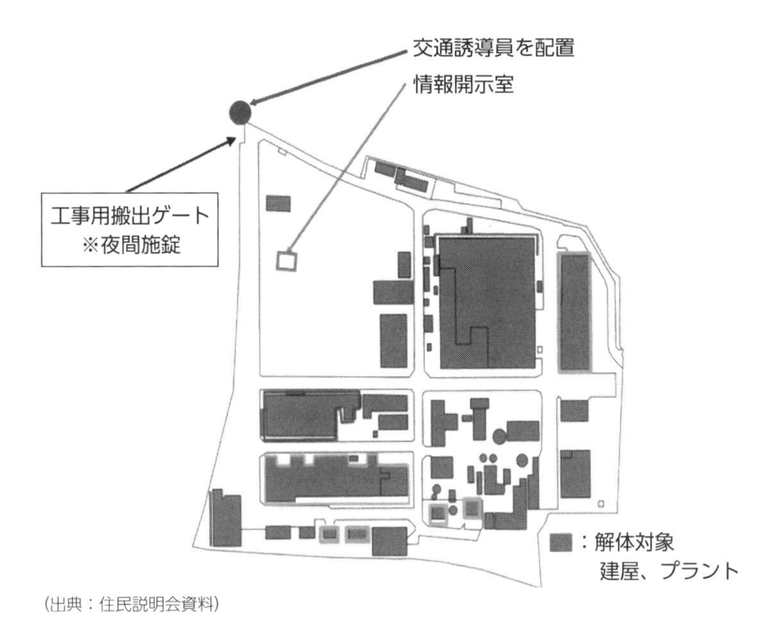

（出典：住民説明会資料）

図4.7　解体対象の建屋やプラント設備

会いして本件の経緯を改めてお聞きする機会を得ました。Hさんは東芝コンポーネンツで汚染問題を長年ほぼ一人で背負った方です。

当時は親会社の支援がほとんど得られず、自分達だけで猛勉強しながら数多くの重大決定をしてきたと聞きました。苦労の甲斐があって、定年後は環境アセスメントや監査をする中立の認証機関で土壌汚染スペシャリストとして17年間も活躍しています。Hさんは、日立製作所、三菱電機、ソニー、NECを含む多くの工場の監査支援をしましたが、当初は汚染情報を見せたくない、出したくないという企業がほとんどだったとのことです。以前は、VOCの規制が一切なくドラム缶に詰めた廃溶剤の杜撰（ずさん）な管理や廃VOCの地下浸透など、不適切な取り扱いが汚染発生の主たる原因だったと語ってくれました。

工場で画期的な汚染調査と対策が実施できた秘訣をお聞きすると「企業がお金を出したから汚染機構の解明ができ汚染の拡大予防もできた」とズバリ答えられました。確かに地方自治体は詳細調査や汚染対策をするまとまった予算がありません。調査や対策などに当時10億円規模の資金を費やしたので、Hさんは会社から相当叩かれたと聞きました。

最初のころ、HさんはTCEに触れた塩ビ管がボヨボヨに膨潤するのをみて大変驚いたとのことです。TCEは比重が水の1.5倍ほどあり粘性も低いため、地下深く浸透しやすい性質があります。工場内の自社処分場についてお聞きすると、君津工場の廃水スラッジ（水処理施設の汚泥）を埋めた敷地内の処分場は正式に許可を得たもので検査を受けて閉鎖手続きもしていました。当時許可を受けた工場構内の処分場は全国でも少なかったとのことです。

約30年経過した後の感想をお聞きして、「工場の担当が何度も変わって最近のスタッフは処分場跡地の存在や過去の汚染の経緯をほとんど知らない」というのが印象に残りました。確かに事業者のみならず、行政担当や地元住民が世代交代しています。Hさんは「過去に廃水処理で不溶化したものが30年以上といった時間の経過や地下環境の変化で変質し溶出する可能性もある」と話してくれました。1970年代以前に設置された自社処分場は規制もなく、ほとんどが素掘りの安定型です。多くの工場敷地にはこのような自社処分場跡が潜在しています。

▶まとめ

民家の井戸から1987年にTCEを検出して１年経過した段階で行政により汚染事実が公表され、情報が地元住民に共有されました。工場側がすばやく汚染原因者であると認め、会社が調査や対策の費用、敷地外の揚水曝気の費用も含め10億円規模の浄化費用を負担しました。そして30数年経過してから工場の完全廃止の際に、**表4.3**のとおり建屋を解体し汚染土壌や埋設廃棄物を掘削除去（2020年完了）しています。

工場が操業していたため建屋下の汚染土壌は撤去できない状態でしたが、敷地全面の対策井戸からガス吸引と地下水の揚水曝気を継続実施していました。行政による徹底した調査によって３次元の地質汚染メカニズムが解明されていたので適切な対応ができたといえます。

汚染発覚から30数年が経過してわかったことを整理してみます。

表4.3　工場跡地の土壌汚染対策工事の完了

工事・対応	過去の対策など	最終対策（2020年２月君津市）
(1) 建屋解体工事	（操業中で建屋下の汚染は掘削できず）	土壌汚染対策工事実施のため、既存施設を解体し更地化
(2) 汚染土壌除去工事	1989年に工場内の高濃度汚染地層の掘削除去（2,700m^3）無害化して、元の位置に埋め戻し	既存施設の下に残存していた汚染土壌を掘削除去し、山砂で埋め戻し ・掘削量約10,600トン（約7,800m^3）
(3) 埋設廃棄物除去工事		敷地の廃棄物捨て場に残存していた廃棄物を掘削除去し、山砂で埋め戻し ・掘削量約7,900トン（約5,800m^3）
(4) 汚染地下水拡散防止工事	地下空気汚染吸引法でTCE回収。境界のバリア井戸などで揚水しTCEを強制排出	敷地内の汚染地下水が敷地外へ拡散しないよう、汚染地下水を汲み上げ、水処理施設にて無害化処理を開始
揚水井戸および観測井戸	総数17本以上の井戸による揚水と観測を継続的に実施	揚水井戸を12本、観測井戸を22本および水処理施設を設置。土対法に基づき、当該対策工事の効果について、2020年２月からモニタリングを行い検証していく。検証結果を踏まえ、県、市、事業者の三者で対応について決定していく

汚染地下水を主に敷地内で揚水して工場敷地外への汚染拡大を予防していました。クロロエチレンなど新たな規制物質が続々追加され、基準値も一部強化されたこともあり、汚染状態は尺度が変わることで新たな基準超過が生じます。汚染源である当時の会社はすでに現存せず、管轄行政、地元住民も30年という時の経過で世代交代し、過去の経験や知見が十分に引き継がれない実態もあります。また、環境基準を含む法規制や浄化技術も30年で大きく変化しました。土対法や地下水を規制対象とする水濁法、廃棄物処理法は定期的に改正され複雑化しています。今後の法改正などを含む数十年先を科学的に予測して、持続可能かつ効果的で経済的な対策が必要になっています。

教訓として、環境経営を確固たるものにするためには環境法令の継続的な理解と本稿のような事例を数多く学ぶことが重要と感じます。なお、30年以上前からお世話になっている君津市役所の担当部署は「土対法の区域指定がなされたことで明確な法的根拠ができ、法に基づく浄化対策の実施ができて新たな一歩を踏み出すことができました」と肯定的に評価しています。

＊1　シリコンウエハーを加工するフッ素の廃液をフッ化カルシウムに不溶化して工場敷地内に埋めていたようです。一般的にフッ素廃液は水酸化カルシウムなどを添加して難溶性のフッ化カルシウムを生成させて沈殿させます。原水濃度が低くなると沈降分離が困難になるのでフッ素が30～50mg/L以上の排水濃度が適しています。ただし、フッ化カルシウムの溶解度はあまり低くないという情報もあります。高度処理として水酸化物共沈法や再利用可能なフッ素吸着樹脂による吸着などもあり、水酸化アルミニウムなどを利用する水酸化物共沈法はフッ素が20～30mg/L以下の低濃度排水に適しています。

◆ 有機溶剤の汚染は地層に深く浸透するので完全浄化は困難

◆ 汚染浄化計画は地層と汚染分布の3次元解析が不可欠

◆ 敷地内の古い埋立処分場跡はほとんどが掘削除去

◆ 情報公開による住民の理解がないと汚染問題は解決しにくい

4.3 汚水処理

米国で環境技術を学んだときにドイツの英訳テキストも参考書として利用しましたが、日本でも十分通用する内容でした。そこで、ドイツの汚水処理技術の基礎（以下、独テキスト）など海外の文献も参考に、排水規制と処理技術の基本コンセプトをわかりやすく解説します。

▶ 地域の汚水処理プラント

ドイツでは工場排水の排出者は**BAT（利用可能な最良の技術**；best available techniques）により汚水を処理する責任があり、これはEU指令によってドイツの国内法令にもなっています。

EUの中で、ドイツは廃水処理レベルと排水リサイクル率がもっとも高い国です。ドイツでは間接排出者と直接排出者があり、前者の工場や事業所で発生する廃水は自社で簡易な水処理をしてから公共下水施設に送られます。後者の大規模な工場や事業所などの直接排出者は、公共下水施設と同様に自社で汚水を浄化した後、処理水を直接水域に放流します。

放流には厳格な許可が必要で、汚染負荷量（汚水量）に応じた料金を支払い、水質分析と報告、モニタリングなど厳格な責任を負います。ドイツ法令における産業廃水には雨水や冷却水を含み、「使用後に場外流出または排出される水と下水に放流するすべての水」（DIN規格）が規制されています。日本の水濁法の「排出水」の定義と基本的に同じです。

連邦水質法Federal Water Act（WHG）では、排出源に関係なく、未処理の廃水を川や湖に放流することが禁止され、排水に含まれる汚染物質をBATで除去または削減する義務があります。公共用水域への排出は、処理水の汚染負荷レベルがBATによって達成可能な最低レベルに保たれている場合にのみ許可されます。ベンチマークとして、ガラス製造と鉄鋼生産に関するBATは2014年に更新され、パルプ、紙、板紙の生産、および製油所などに関するBATも定期的に更新されています。

▶ 有害物質の残留物や抗生物質

汚水処理施設では物理化学処理に加え生物処理、高度処理などを実施します。独テキストによると、水処理の課題は、薬品類や殺虫剤など有害化学物質の残留物、畜産用抗生物質、微量でも悪影響のある難分解性化学物質です。このような化学物質の除去を可能にする膜処理や紫外線、オゾン法など処理法はありますが、経済合理性のある普及技術は開発途上です。

▶ ミネラルや窒素リンなど栄養塩

水処理プラントは環境保全と物質循環の面で重要な役割を持っています。例えば、金属など有用物の回収は当然のことで、ミネラル分（生態学的要素）が豊富で自然の流水と同等な水質にしてから処理水を放流します。

日本では貧栄養化（富栄養化の逆）でノリの色落ちなどが発生しています。瀬戸内海など一部で窒素やリンなど海水中の栄養分が不足したのです。そこで日本政府や自治体は、法改正によって特定海域を対象とした栄養塩類の管理に着手しています。下水処理レベルを調整するなどして排水中の栄養塩類の濃度を上げられるようにしています。単に「きれいな海」だけではなく多様性に富んだ生物が生息できる「豊かな海」も求められています。

▶ 金属加工プロセスの汚水処理

独テキストの金属加工を例にして廃水処理を解説します。自動車部品などの製造では、酸洗いや塗装、メッキなどを含む様々な加工プロセスで廃液が発生します。汚水処理フローで注意すべきは、処理された廃水の流れに逆洗など一部の「戻り」がある点です（**図4.8**）。

膜やろ層の洗浄汚水のように、処理フローの廃水をもう一度戻して同じプロセスを繰り返すことが一般的です。なお、図4.8の上部にある4枠（エマルジョン、濃縮液、低濃度洗浄液、廃液）は各工程から出る原水の例です。

次に、沈殿処理の沈降速度、傾斜板、凝集分離と凝集剤について『新・公害防止の技術と法規』（産業環境管理協会）を引用して解説します。

▶ 終末沈降速度

微粒子を水中に沈降させると、初期の沈降速度は次第に加速され、直後に反対方向に速度の２乗に比例する抵抗力が作用します。水に飛び込むと実感できると思います。粒子に働く抵抗力と浮力の和と重力とが等しくなった時点からは、一定速度で沈降するようになります。これが終末沈降速度です。

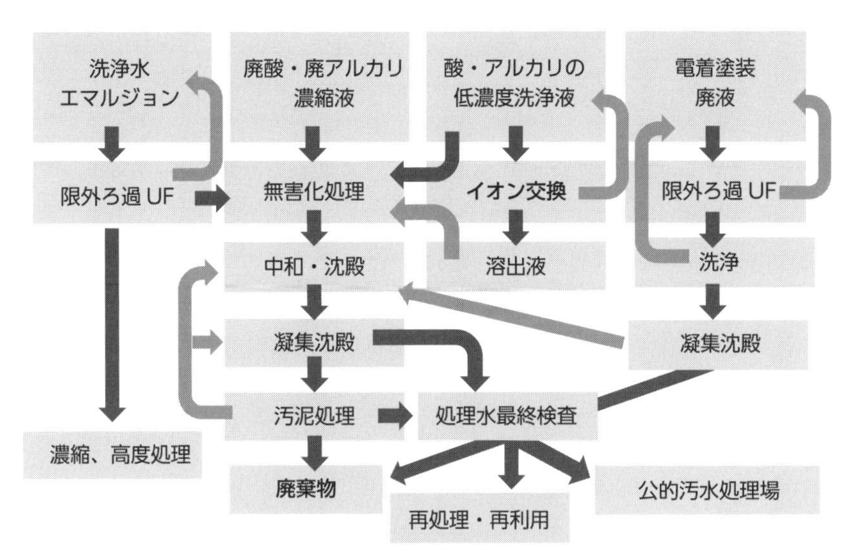

(出典：原図ジョージ・シュウェット（2001）を元に筆者作成)

図4.8　金属加工の廃水処理イメージ（ドイツ自動車部品メーカー）

沈殿池などの粒子は、一般に直径dも沈降速度vも小さいので、レイノルズ数Reも1より小さく、**沈降速度は、粒子が球形である場合にほぼストークスの式に従う**ことになります。ストークスの式より粒子の沈降速度は粒径の2乗に比例し、水の粘度に反比例します（**図4.9**）。

▶ 傾斜板

沈降槽内に傾斜板を挿入すると有効分離面積が増大して沈降効率がよくなります。例えば、**図4.10**（a）で沈降に4分かかる場合、（b）では水深が1/4になるので沈降時間は1分になります。**水槽に水平板をn枚挿入すると、水が清澄になる時間は、1/(n+1)**になります。挿入した水平板の面積の和に相当する分だけ分離面積が増加したことになるからです。実際は、（c）のように沈積した汚泥が表面を自重で滑り落ちるように板を傾斜させます。沈降だけでなく、例えば、石油精製プラントなどでは浮上分離の際に**傾斜板**を挿入して浮上効率を上げています。

▶ 凝集分離と凝集剤

排水中の懸濁物質で、大きさが10μm程度以上なら、普通沈殿や砂ろ過

$$v=\left\{\frac{g(\rho_s-\rho)d^2}{18\mu}\right\}$$

ここに、v：粒子の沈降速度（cm/s）　g：重力の加速度（cm/s^2）
ρ_s、ρ：粒子および水の密度（g/cm^3）　d：粒子の直径（cm）
μ：水の粘度（$g \cdot cm^{-1} \cdot s^{-1}$）　R_e：レイノルズ数（$=dv\rho/\mu$）

（出典：「新・公害防止の技術と法規」産業環境管理協会）

図4.9　ストークスの式

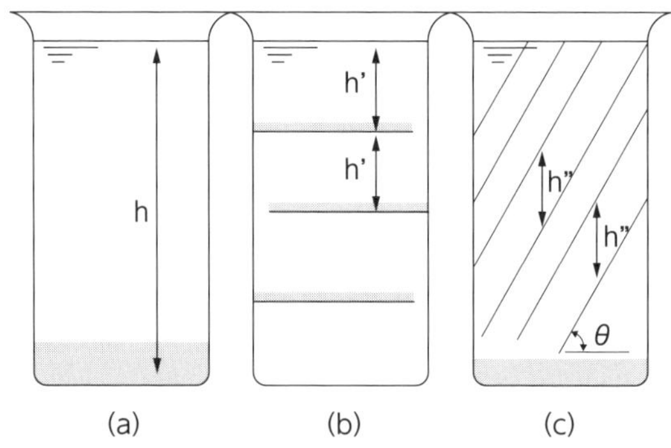

（出典：「新・公害防止の技術と法規」産業環境管理協会）

図4.10　傾斜版（h、h'、h"は沈降の水深を示す）

法で分離することができます。しかし、1 μm以下の粒子になると凝集法を用いないと機械的な分離ができません。さらに粒子径が0.001 μm以下の粒子は分子状で分散しているので、化学的な方法でいったん不溶物質を析出させてから凝集分離します。径が0.001～1 μmの大きさの**コロイド粒子**は、通常、粒子表面が正または負に荷電していて相互に反発し合っているため、安定な分散状態を保って懸濁します。

コロイド粒子は表面に水分子の層を付着させた状態で動くと考えられ、この水和層のすべり面（せん断面）における電位が**ゼータ電位**と呼ばれます。水の中の粘土系のコロイド粒子表面は負に荷電しています。これに、反対荷電（正荷電）を持つコロイドやイオンを添加して荷電を中和し、懸濁粒子のゼータ電位が±10 mVの範囲にすると、**粒子間の引力（ファンデルワール**

スカ）が表面荷電による反発力を上回るようになって凝集が起こります。このような目的で用いられる薬品が凝集剤です。凝集とは、互いの引力によって集合し１つに集まって固まる現象です。一般に凝集剤は水に溶けて加水分解し、正荷電の金属水酸化物のコロイドを生じます。水処理用は安価で無害であることが必要で、鉄またはアルミニウムの塩類が利用されます。

懸濁物に凝集剤を入れて急速撹拌（かくはん）して混和した後に、ゆっくり撹拌してフロックを形成します。緩速撹拌により**高分子凝集剤は架橋作用でフロックをより粗大化**させます。急速に撹拌するとフロック（塊）が壊れてしまいます。

▶酸化と還元、六価クロムなど

金属加工の排水に関し、酸洗いで金属イオンを含む廃液が発生する場合は化学処理が必要で、アルカリを加えて**中和させ不溶性の水酸化物を析出**させます。金属イオンは、**pHの調節または硫化物の添加によって、金属の水酸化物または硫化物の沈殿を析出させて金属を分離**します。

電気メッキなど表面処理工程で生じる廃液は六価クロムを含んでいます。そこで、伝統的な処理方法では、鉄Ⅱ塩を添加して還元させます。鉄Ⅱ塩は、酸性からアルカリ性の広い範囲で還元が可能になり、鉄Ⅱイオンを含む廃酸の再利用も可能です。実際は事業所ごとに独自の技術が導入されています。なお、日本では「亜硫酸塩または硫酸鉄Ⅱによりクロム Ⅵを還元してからアルカリ剤を添加し、**水酸化物として沈殿除去**する」のが一般的です。

表面処理工程のシアン廃水は酸化処理します。普通の処理方法で残存するような重金属は、イオン交換など高度処理によって排水基準まで浄化します。

MEMO▶ フロックと架橋

フロックとは、浮遊する微粒子が凝集して沈降分離できる大きさに粗大化したものです。長い鎖状の構造を持つ高分子凝集剤を使用すると架橋作用によってフロックの結合力が強くなります。橋を架けたように結合するのが架橋作用です。

▶ 汚水処理の基本

ドイツでも日本と同じく、1次処理と2次処理、高度処理があります。独テキストによると、1次処理ではスクリーン（ふるい）で、木片、枝葉、繊維や紙などが除去され、次に、砂ろ過や沈砂池などで比較的大きな粒子を除去。事前に油分は除去され、もし残存する場合は油水分離装置で除去します。

有機物を含む廃水の場合、沈殿池ではゆっくりとした水流で浮遊物を沈降させ、粒子状有機汚濁の30～35％程度が沈殿して分離されます。残りの有機汚濁は2次処理である活性汚泥によって分解されます。最初に原水を中和して微生物（活性汚泥）が生存できるpHレベルにします。曝気によって酸素を供給することで、微生物が有機汚濁物を栄養源にして新陳代謝（物質を外部から取り込み体内で合成や分解）して増殖します。

活性汚泥中に生育するバクテリアから原生動物までを相称してバイオマスと呼び、これらを消化する嫌気処理もあります。汚水中の有機物（微生物死骸含む）は前処理を経由してから嫌気分解によってメタンガスと二酸化炭素（CO_2）に分解されます。メタン発酵は余剰汚泥発生量がかなり少なくなります。

生物処理後の**凝集沈殿では、フロック（塊）の沈降性を高めるために鉄とアルミニウムを原材料とする凝集剤が利用**されています。微粒子が大きな塊になり速やかに沈殿します。沈殿した余剰汚泥は汚泥濃縮槽シックナーで濃縮されますが、余剰汚泥は通常90％以上の含水率があります。そのままでは処理費用も高く嵩（かさ）も大きくなるため脱水します。脱水方法には遠心分離、フィルタープレス、熱処理などがあります。脱水の際に、均質化のため石灰を添加し、脱水効率をよくするために凝集剤の塩化鉄Ⅲなどを添加します。日本では、真空ろ過や加圧ろ過には無機凝集剤、遠心脱水やベルトプレス、スクリュープレスには有機凝集剤などが使用されます。

▶ 大気と接する水と還元性の水や泥

独テキストにある一般的な事項、環境科学の基本情報の一部を引用して簡単に解説します。

排水は業種によって規制項目は異なりますがDINやISOなど標準規格による自主的な環境分析が義務化されています。中でも水生生物に必要な溶存酸素（DO）、それにpHと酸化還元電位（ORP）などが重視されています。水域のpHとORPに応じて水質は変化するので、処理水の放流先の水質も事前に把握する必要があります。

海や河川などの水域は大気と接しているので、ORPがプラス電位に変化します。一方、ヘドロの底泥（湖沼や河川の底層）ではDOがきわめて少ないかゼロになり、ORP値がマイナスの還元性になります。流れのない底泥や湿地は微生物の作用で硫化水素などの悪臭物質が生成します。

▶ 溶存性有機物と雨水

微生物が分解する有機汚濁は、溶存性のもの（dissolved organic carbon）と微粒子状の非溶存性有機物に区分されます。ドイツの河川や海域では溶存性の方が非溶存性より数倍高い傾向があり、とくに閉鎖性の湖沼では溶存性有機物が10～50 mg/Lと高くなります。

雨水は大気中のCO_2を吸収して酸性になります。ちなみにCO_2に触れた水は弱酸性になります。酸性雨はpHの値が5.6以下のものを指します。CO_2が雨水に溶けて平衡状態になると、pHが5.6になります。

▶ 河川におけるアンモニアの変化・硝化

ドイツの実験結果によると、アンモニアが河川に流入した場合、約25 km流下すると自然の酸化で化学変化を起こし亜硝酸（NO_2）を経由して、さらに酸化され硝酸性窒素（NO_3）になります。このように河川に**溶存酸素があればアンモニアは自然に酸化**されます。同様に土壌中のバクテリアによって窒素化合物に硝化が起きます。

ちなみに**硝化工程とは、アンモニアから亜硝酸へ、亜硝酸から硝酸へと硝化菌が酸化するプロセス**をいいます。続く脱窒素工程では、無酸素の状態で脱窒菌が水素源を使って硝酸態窒素と亜硝酸態窒素を窒素ガスに還元します。酸素は不要ですがメタノールなどの水素供与体が必要になります。

◆ ドイツでは利用可能な最良の技術（BAT）で汚濁物質を浄化する義務
◆ 業種共通の水質指標はpHと溶存酸素（DO）、酸化還元電位（ORP）
◆ アンモニアは河川中で酸化して、亜硝酸、硝酸性窒素に変化

4.4 砂ろ過処理

砂ろ過は1900年初頭から欧米で利用され、工場排水などの汚水処理にも急速ろ過装置が仕上げ用に利用されています。処理水を事業所で再利用する場合にも、様々なろ過技術や膜処理が活用されています。

▶ ろ過メカニズムと急速ろ過

砂ろ過は、砂と砂のすき間よりはるかに小さい1/10～1/100といった微粒子も除去することができます。大きな粒子は**機械的なふるい分け**で除去でき、小さなものはろ材のすき間で粒子が**吸着または凝集**して捕捉されると考えられています。海外の文献では、汚水の砂ろ過には、物理的、化学的、生物学的メカニズムがあると考えられています。ただし、サイズが1μm未満のコロイドはほとんど除去できません。

急速砂ろ過の速度は120～150m/日ですが、圧力式の急速ろ過ではさらにろ過速度が上がり、逆洗水量も少ない機種もあります。また、圧力式や加圧型は設置面積を大きく減らすメリットもあります。

▶ 砂やアンスラサイト

ろ材は、粒度を調整した砂、比重が砂より小さいアンスラサイト（石炭粒子)、比重が大きく粒径の小さいザクロ石（ガーネット）などで構成されます。一般的に異なるサイズのろ過材が利用され、原水の性状に応じて砂とアンスラサイトの層厚と組み合わせが変わります。

下向流の重力式では、上部の粗い粒子と下部の細かいフィルター粒子のマルチメディアによって、ろ層全体で浮遊物質を効率よく捕捉します。ろ層に原水を均等に流入させることがポイントです。ろ材の砂などの粒子径は均一なものが理想とされます。**図4.11**は上水用ですが、水質をさらに高めるため高機能の活性炭フィルターが追加されることもあります。

▶ ろ層の洗浄

汚水を一定期間ろ過すると閉塞（詰まり）が生じます。高分子凝集剤の過

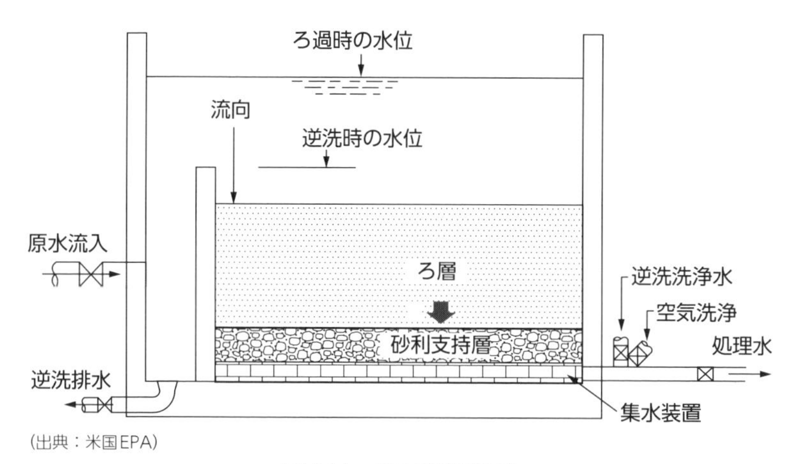

図4.11　砂ろ過装置の例

剰添加や微生物増殖などで異物（マッドボール）が生じ、ろ過機能が低下することもあります。ろ層の空隙（すき間）に懸濁物がつまると、ろ過抵抗または処理後の濁度が上昇するので、水の流れを逆方向にしてろ層を洗浄します。これが**逆流洗浄もしくは逆洗**です。捕捉した懸濁物の付着力が強いときは、空気洗浄が効果的といわれます。

▶MF膜（精密ろ過膜）と浸漬型膜分離活性汚泥法

汚水処理で注目されている膜技術の中にMF膜（精密ろ過膜）があります。通常、0.1～1 μmの範囲の微粒子やコロイドを分離できるMF膜は、中国や米国を含む海外で排水処理の仕上げに利用されています。

排水の生物処理で、MF膜を処理水槽中に設置する浸漬型膜分離活性汚泥法（MBR）は興味深い技術です。従来の活性汚泥法では、沈殿による固液分離が活性汚泥の状態で大きく変動します。一方MBRでは、MF膜によって汚泥を高効率で分離でき処理水質も向上します。そのため、処理水の再利用が容易になります。沈殿槽や汚泥濃縮設備も不要になります。

◆砂ろ過で懸濁物質はろ材粒子間の空隙にトラップされるが、凝集や吸着により捕捉可能な粒子サイズはろ材空隙サイズよりはるかに小さい

4.5 活性汚泥法とメタン発酵

生物処理法は自然界の微生物を利用した処理法です。活性汚泥法は1912年にイギリスで実用化されました。有機性工場排水や下水処理においてもっとも普及している排水処理技術です。ここでは生物処理の基礎を取り上げ、活性汚泥法を前半で説明し、後半では嫌気性細菌によるメタン発酵を解説します。

▶ 生物処理技術

褐色液体の活性汚泥を顕微鏡で観察すると、細菌に加え原生動物や後生動物などの存在が確認できます。これらの微生物には、水中の有機汚濁物質を廃液から分離し不溶化する作用があります。わかりやすくいえば、微生物が有機汚濁を食べて活動エネルギーや自分の菌体に変換しています（**図4.12**）。この微生物代謝により有機汚濁（炭素成分）はCO_2と水になります。増殖した微生物（細菌の死骸や菌体など）は余剰汚泥として引き抜かれます。排水中のBODは90%以上除去されます。

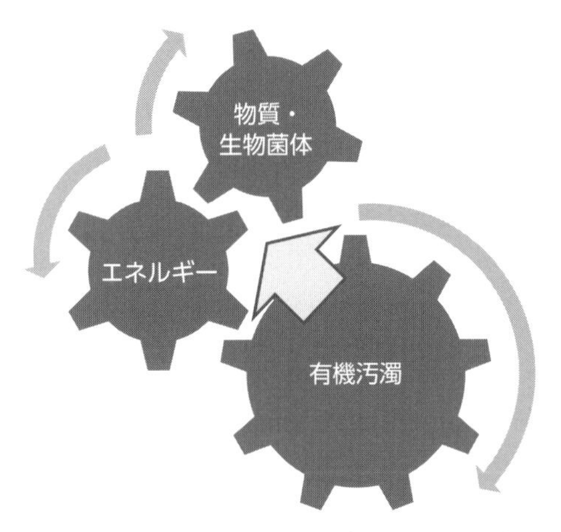

図4.12　有機汚濁がエネルギーと物質へ変換

▶ 原生動物などがバロメーター

有機物を分解する活性汚泥は、多数の好気微生物や有機・無機性の浮遊物質などから成るゼラチン状のフロック（塊）で、排水中に含まれる有機物を吸着して酸化する能力、また凝集して沈降分離する機能があります。**活性汚泥の生物相は細菌が主体**ですが、真菌類（かび）、藻類、**細菌の捕食者である原生動物**や後生動物などから構成されます。原生動物は処理水質を推定する指標生物にもなっています。

例えば活性汚泥でツリガネムシなど原生動物の存在は、活性汚泥の善し悪しを判断する指標になります。活性汚泥槽が健全か否かは食物連鎖の上位にある原生動物の状態でわかるため、顕微鏡で観察します。

▶ 活性汚泥法の課題

日本では1930年に、名古屋で初めての活性汚泥法による下水処理が開始しました。数多くの技術開発がなされてきましたが、神奈川県環境科学センターによると、以下のような問題点がありました。

①微生物濃度が低いため、処理槽容量が大きい
②沈殿槽での沈殿分離に問題が多い
③微生物を扱うので管理が難しい
④窒素、リンの除去率が低い
⑤送気量が多いため多大なエネルギーを消費し、管理コストが高い
⑤余剰汚泥量が多い

好気微生物を利用するため、処理槽に空気を曝気して酸素を溶かし込むための動力が必要であり、余剰汚泥が大量に発生するなどの問題点は当初から指摘されていました。処理槽の規模が大きくなると曝気で必要になるブロアーの電力料金は億単位/年になることも珍しくありません。曝気など水処理に使われる電力は、国内総電力消費量の2%弱といわれます。また、含水率の高い余剰汚泥の脱水処理や焼却などにも、かなりの費用と手間がかかります。

余剰汚泥はいわば微生物の死骸で、細胞膜内にある水分は除去しにくく、膜が破れても表面張力で脱水が困難です。汚泥発生量は有機系産業廃棄物全体の40%を占めるといわれ、公共下水汚泥も産業廃棄物に区分されます。

▶ 技術の進歩

活性汚泥法100年の歴史で基本原理は変わっていませんが、省エネ型・低炭素型の装置も開発されています。曝気槽への酸素供給効率を高めるIT技術を適用した曝気装置など、ソフト面ハード面の技術開発が進んでいます。

活性汚泥法は、基本的に曝気槽と余剰汚泥を分離する沈殿槽で構成されています。微生物がフロックを形成すると固液分離しやすくなるので、凝集には沈殿槽など大規模な設備や装置が必要になります。沈殿槽に代わり、MF膜などの膜分離活性汚泥法が導入されるようになりました。

▶ 異化と同化とは

生物処理法はメカニズムが完全に把握できておらず、現場では"感"と"経験"による運転が不可欠です。工場排水は公共下水のように原水性状も一定ではありません。ここで基礎知識の異化と同化を確認したいと思います。

植物は夜間に酸素を吸収して生きるための呼吸をしてCO_2を排出します（**図4.13**）。逆に昼間には、CO_2を吸収して太陽光で光合成によってでんぷんなどの高分子を合成します。この場合、異化は酸化反応、同化は還元反応と表現することができます。化学反応では酸化還元が同時に起きます。

細胞や生体内における「物質とエネルギーの変換」が代謝です。代謝には、生きるためのエネルギーをつくる異化代謝、自分の細胞材料に変換する

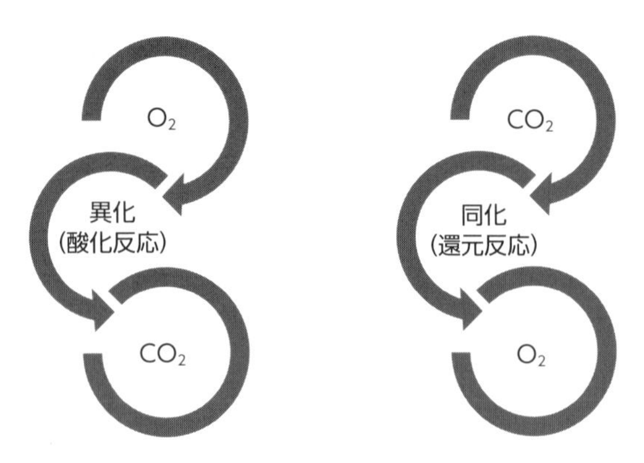

図4.13　植物の異化と同化

同化代謝があります。好気性微生物は分解した有機物の40〜50％を菌体合成に使うため、余剰汚泥の発生量が多くなり、その処理に手間とコストがかかります。

ボウフラのいる水溜まりに油を注ぐと、ボウフラは窒息して死滅します。活性汚泥法の前処理として、浮上沈降分離装置によって、微生物が苦手である油や難分解の固形物、無機物などを除去します。さらに原水の未処理排水は調整槽に送られ、水質を均一化して、微生物が生息できる中性付近、pH6.0〜8.0に調整します。さらに細菌を最適に活性化するために栄養源の補填が行われます（**図4.14**）。

▶ 活性汚泥処理のプロセス

工場排水の活性汚泥処理では、最初に、土砂、粗大な浮遊物質、油分などを除去し、水量・水質の平均化、また必要に応じて希釈、pH調整、栄養塩類の添加を行ったあと、排水は曝気槽に送り溶存酸素を安定させ活性汚泥と原水を混合します。このプロセスで有機汚濁は活性汚泥により吸着・酸化分解されます。その際に、様々な操作条件を最適状態に維持する必要があります。

微生物である活性汚泥を活性化するには、細かな泡状の空気で曝気して酸素を供給します。**曝気には、①BODの酸化および生物の呼吸に必要な酸素の供給、②曝気槽内の汚泥混合液の均一な混合**という目的があります。

糸状菌が暴走（異常増殖）して褐色の泡がぶ厚く発生するバルキングを初

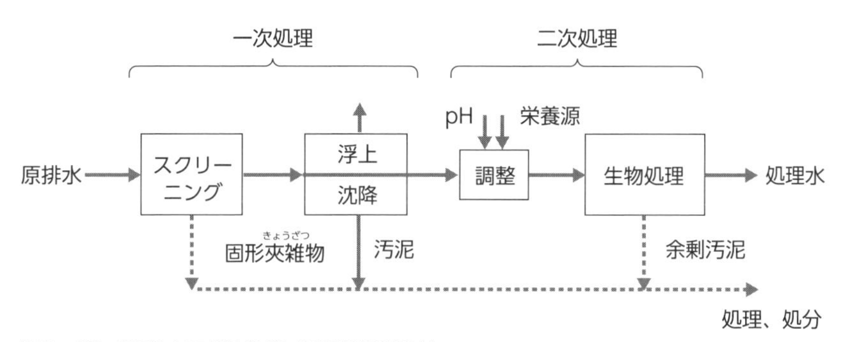

（出典：「新・公害防止の技術と法規」産業環境管理協会）

図4.14　活性汚泥処理フロー

めて目撃したときは、思わず動転してしまいました。バルキングの原因は様々ありますが、とくに炭水化物系の基質を多量に含む排水では、糸状菌などが異常に増殖して発生することが多いようです。正常な状態に回復させるのに時間もかかります。汚泥沈降性を把握して適正管理するための指標がSVIで、BOD負荷量のバランスでバルキングが発生しやすくなります。

活性汚泥の最適化は原水の性状にも左右されるので、曝気槽のpHはなる

基本的な操作パラメーター

①BOD負荷：これは、排水中の有機物量（F：Food、食物）と活性汚泥量（M：Microorganism、微生物）の比（F/M比）で、F/M比は活性汚泥法の曝気槽容積の決定をはじめ、運転管理でとくに重要な操作因子。

②活性汚泥濃度には、MLSS（Mixed Liquor Suspended Solids）を使用します。MLVSS（VはVolatileの略）はMLSS中の有機物質量（強熱減量）のことで、MLSSよりもより生物量に近い指標として利用。

③BOD負荷の表現法には、容積負荷と汚泥負荷の2つがあり、産業排水の場合、原水の状態によって異なりますが容積負荷として0.5～1、汚泥負荷として0.2～0.4程度の数値を採用。

④汚泥容量指標：活性汚泥法では、沈殿池で活性汚泥と処理水とを効率よく分離することが極めて重要です。活性汚泥の沈降性を知り、管理するための指標として汚泥容量指標（SVI）を使用。

汚泥容量指標（SVI）

汚泥容量指標（SVI；Sludge Volume Index）は、曝気槽内汚泥混合液を1Lのメスシリンダーに入れ、30分間静置して活性汚泥を沈降させた場合に1gの活性汚泥が占める容積。正常な活性汚泥のSVIは50～150の範囲にあり、200を超えると沈降性が悪化する傾向があります。

べく7.0に近い範囲に維持することが望ましいです。一方、水温も微生物の増殖に大きく影響します。とくに低水温時での処理プロセスの機能低下に対しては、適温下での反応速度をもとにしてBOD汚泥負荷を補正する必要があります。季節の変わり目も注意が必要です。

有機物を酸化分解するのに必要な栄養塩類の質量比については、経験則をもとに、BOD：窒素：リン＝100：5：1程度のバランスが必要になります。また、微生物活動を阻害する妨害物質の監視も必要です。

処理後半は、沈殿池で重力沈降により微生物（余剰汚泥）とうわ水の分離です。浮遊粒子の直径を大きくすると沈降速度が速くなるので、凝集剤を添加します。余剰汚泥の一部は返送汚泥として曝気槽に戻します。その理由は、曝気槽で槽内のMLSS濃度を保つためです。MLSSとは、微生物が有機物を分解するときの活性汚泥濃度のことです。

活性汚泥処理により、溶解性BODは10mg/l 以下程度、固形物を含めたBODで20mg/L以下程度まで処理されます。したがって、原水BODが100mg/Lの場合に除去率80％程度、200mg/Lのとき90％程度の除去率で、排水処理プラントでは高度浄水処理を行う浄水場のように完璧な浄化はできません。

▶ メタン発酵法の原理（嫌気処理法）

食品製造や醸造業で嫌気処理法（曝気不要）が導入されるケースがあります。嫌気処理法の代表はメタン発酵法です。活性汚泥法は酸素を必要とする好気微生物の代謝反応ですが、メタン発酵は嫌気条件での分解です。

メタン発酵は密閉した反応槽を使用するので、活性汚泥法のように反応状態を常時観察できません。原理は、通性嫌気性菌（好気、嫌気それぞれの条件に合わせ生存、代謝する菌）と偏性嫌気性菌（嫌気条件のみで生存、代謝する菌）の関与により加水分解し、発酵により高級脂肪酸、アミノ酸などを経て低級脂肪酸、酢酸、水素などに分解され（酸生成過程）、さらにメタン、アンモニア、硫化水素、CO_2へと還元的条件の下で分解されます（ガス生成過程）。

単純に説明すると、①加水分解工程を経て、②酸生成過程から、③メタンガス生成過程になり、結果、汚水から有機物が除去できます。**図4.15**に示したように、メタン発酵の分解工程では、①最初の加水分解工程でタンパク質

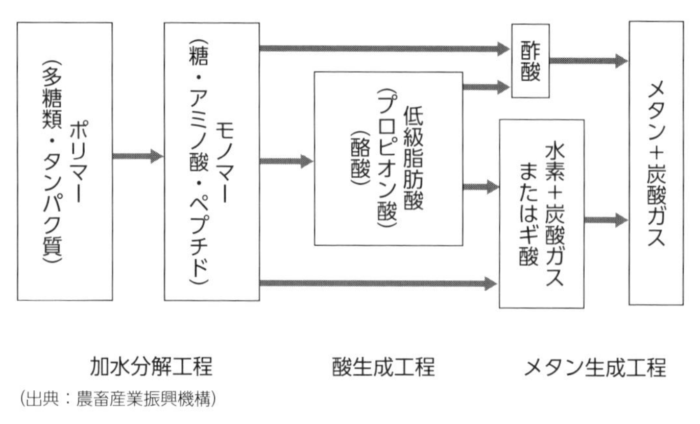

図4.15　有機物の分解工程

や多糖類などの高分子（ポリマー）が低分子（モノマー）になり、次の②酸生成工程で低級脂肪酸に変化し、最終の③メタン生成工程でメタンとCO_2に分解されます。メタン生成菌は絶対嫌気性細菌なので、空気と遮断した発酵槽内で反応します。発生したメタンガスは精製して、エネルギーとして利用できます。

生ごみなどの有機性廃棄物や高濃度の有機排水の処理には、嫌気性処理技術が適用されます。環境省によるとメタンガス化の技術は進んでおり、**図4.16**のように熱利用や肥料への転換など利用範囲が拡大しています。

メタン発酵法は余剰汚泥の発生が少なく、電力を消費する曝気も不要です。しかし短所もあります。微生物反応に関して、低濃度・低温では嫌気性微生物が十分に活性化せず適正処理できません。メタン生成菌の活性を維持するため、冬季には35℃以上に加熱し、原水の有機物濃度を高くする必要があります。一般的に酸生成とガス生成過程は同一槽内で行われるので、水素や酢酸の生成と消費含め両過程のバランスが重要になります。有機酸やアンモニアなどの阻害物質も要注意です。**表4.4**は活性汚泥とメタン発酵の簡単な比較です。

嫌気性微生物の増殖速度は、好気性微生物と比較すると10倍以上も時間がかかります。このように処理に時間がかかりますが、曝気のための動力が不要で余剰汚泥の発生も少ないので経費削減になります。汚泥発生量は、条

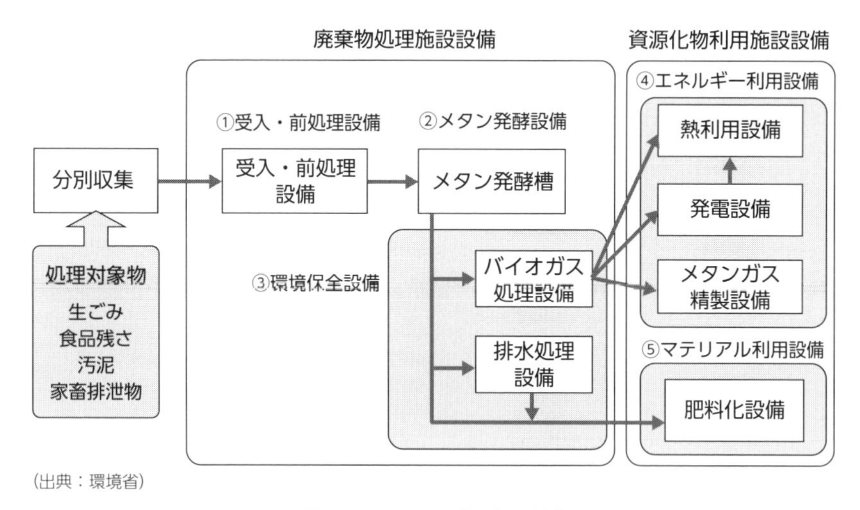

(出典：環境省)

図4.16　メタンガス化の技術

表4.4　活性汚泥法とメタン発酵法、UASBの比較

	COD負荷量 kg・m³/d	汚泥生成率	曝気動力
活性汚泥法	1～2	50～60%	大
メタン発酵法	1～3	10～20%	小
UASB	10～20	10～20%	小

件にもよりますが、好気性微生物の1/5程度になります。

処理速度で注目される上向流式嫌気汚泥床（UASB；Upflow Anaerobic Sludge Blanket）があります（**図4.17**）。これは担体投入なしで、上向きの発生ガスの上昇による穏やかな攪拌（かくはん）で効率よくメタン発酵が進みます。

上昇した固形物は斜めの邪魔板で制御され、ガスと上澄み水だけが分離されます。汚泥床部分には自己造粒化したグラニュール汚泥（直径数mmのメタン菌の粒）が用いられ、ガスを表面に付けたグラニュールはエアーリフト効果で浮上します。汚泥濃度が50,000mg/L以上（活性汚泥の10倍以上）の高濃度になるためメタンガスを効率的に回収できます。溶解性有機排水の高負荷処理が可能になります。自己造粒化に数か月かかりましたが、既

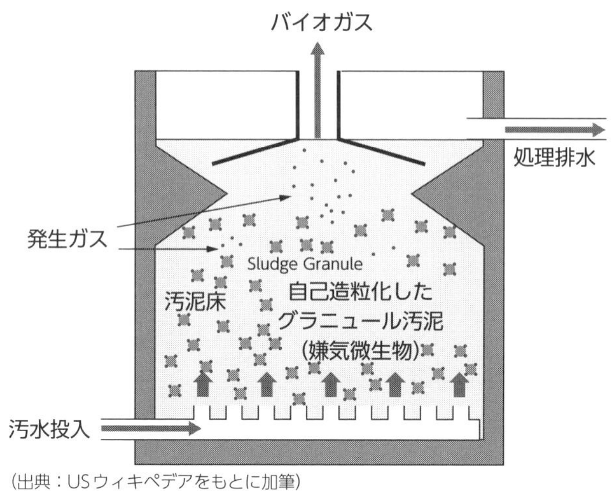

(出典：USウィキペデアをもとに加筆)

図4.17　上向流式嫌気汚泥床（UASB）

存施設の余剰グラニュールを転用することにより2〜3週間でのスタートアップが可能となっています。

過去に東南アジアで環境管理の研修講師をしたときに、UASBの説明を求められました。高負荷かつ高速処理が可能なUASBは海外でも注目されている技術です。

◆ 活性汚泥法は好気性微生物による有機物の分解
◆ 食物連鎖上位の原生動物や後生動物が健全処理のバロメーター
◆ 曝気ブロアーの電力料金が課題、メタン発酵は曝気不要
◆ 膜分離活性汚泥法やUASBなどの新技術

4.6 活性炭処理

汚水処理をしているが気になる臭いと色がどうしても取れない、特定の排水系統の汚水処理で悩んでいる、という事業所がありました。異臭と色が発生する系統の排水を通常プロセスで処理した後、「活性炭吸着を追加したところ期待レベルまで浄化できた」と聞きました。

活性炭は一般的に浄化プロセスの仕上げ段階で使用され、凝集沈殿や生物処理、通常のろ過などで除去できない微量の有機物などを除去するために利用されます。そこで吸着能力の高い活性炭について、FAQを皮切りに基本知識を確認してみたいと思います。

▶よくある質問

Q1. 活性炭のサイズや細孔は吸着機能と関係がありますか。

A1. 活性炭は粒子径サイズにより粉末炭と粒状炭に分類されます。粉末炭は表面積が大きいので吸着能も大きくなります。一般的に木炭の比表面積（単位質量当たりの表面積）は400 m^2/g以下ですが、活性炭は細孔が多数存在するので700～1,400 m^2/g程度、最大1,800 m^2/g前後の比表面積があります。わずか1gで10m×10mを超える表面積は驚きです。多孔質構造が吸着能を高めます。

通常は粒状の活性炭層に通水します。しかし、一定量の水の臭気・色など有機物の除去の際には、粉末炭をそのまま原水中に投入して攪拌し、吸着が完了した後に活性炭を沈降させ分離させます。上澄み水に微粉炭などが残る場合はろ過をします。

Q2. 活性炭の製造と再生処理の原理はどうなっていますか。

A2. 石炭やヤシ殻などを炭化し高温の水蒸気などで賦活（活性化）します。賦活は高熱で反応性ガスや薬品と接触させて、表面にマクロ孔とより微細なミクロ孔を形成します。水蒸気賦活化法は900℃程の高温です。

活性炭は高価なので、再生して繰り返し使用します。強度がなく劣化しやすい粉末炭は一般的に再生が困難ですが、粒状炭は再度賦活して再生利用できます。粒状炭の再生は高温の熱と水蒸気、薬品（酸、アルカリ、有機溶媒など）によって、細孔中の吸着有機物を蒸発または熱分解によって脱着させ孔の空隙（すき間）を再生します。乾式加熱法による活性炭再生は、脱水、乾燥、炭化、賦活（700～1,000℃程度）、その後、冷却プロセスも必要です。詳細は活性炭メーカーの仕様により異なります。

Q3. 活性炭に吸着されやすいものと除去しにくいものはありますか。
A3. 疎水性が強い物質は活性炭で吸着されやすい傾向があります。疎水性（水と結びつきにくく溶けにくい）とは親水性がない性質、表面に水をたらすと薄く広がらないで水玉になるといった性質です。活性炭の表面は疎水性が強いため、一般に、疎水性が強く分子量が大きい物質ほど吸着されやすいです。一方で、親水性が強く、分子量が小さい物質ほど吸着されにくい傾向もあります。

活性炭の表面は疎水性なので選択的に吸着します。微量の有機物除去や脱色脱臭に活躍し、例えば、お酒の雑味や異臭を除去する精製に利用されます。ただし、鉄分を含む活性炭はお酒に悪影響があるといわれます。

Q4. 活性炭吸着の機能は長期間維持されるのでしょうか。
A4. 活性炭の小さな孔が吸着物でふさがる状態で通水すると、処理水濃度は原水濃度（処理前の状態）に近づきます。細孔が飽和または吸着物で完全に閉塞する破過点を超えると、吸着能はなくなります。そのため洗浄が必要になります。

▶ 活性炭の概要

（1）活性炭の用途

活性炭の吸着能は非常に優れており、浄水や脱臭など産業界で幅広く使用されています。活性炭は空気清浄機やガスマスクのフィルターにも利用されています。バーボンウイスキー、焼酎や泡盛なども雑味や臭い、色などを除去するために活性炭吸着が利用されます。

排水処理分野では排水の脱色や有機排水の高度処理に使用され、活性炭は、生物処理、凝集沈殿、ろ過などで除去できない微量の有機物などを除去します。工場から出る汚水の処理では仕上げ用として利用され、処理水を再利用する際にも臭いや色など微量の有機物質の除去に有効です。

(2) 塩素処理水と塩素による副生成物

残留塩素は活性炭の触媒作用で分解されるという説があります。一方、海外のベストプラクティスでは、「残留塩素を多く含む水で活性炭吸着槽（固定層）を繰り返し洗浄するな」という注意書きがあります。実際、水処理プラントでは塩素消毒水で逆洗しますが、塩素による影響も配慮すべきです。塩素濃度が高い消毒水を繰り返し使用すると活性炭の吸着能が徐々に減少し寿命が短くなり、細かく破壊された微粉断片が流出する可能性もあるようです。

(3) 粉末炭と粒状炭

冒頭でも触れたとおり、活性炭は表面の細孔が多いほど、その内部表面積が広くなり表面積に比例して吸着作用が増加します。活性炭はその粒子径により、粉末炭（150 μm以下）と粒状炭（150 μm以上）に分けられます。なお、1 μmは0.001 mmなので、粉末炭は粒径0.150 mm以下の微粉です。粉末炭は粒状炭より表面積が大きいので接触効率が高く吸着速度が大きくなります。半面、再生利用は通常できません。

多く利用されている石炭系活性炭はミクロ孔からマクロ孔まで幅広く細孔が存在し、フミン質のような高分子量の物質も除去できます。一方、ヤシ殻炭は3 nm（ナノは10億分の1 m）以下のミクロ孔が多く、低分子量の物質を吸着するので気相吸着に適しています。ヤシ殻炭は、大きな分子やコロイドで細孔の入り口が詰まると内部のミクロ孔で吸着できない状況も想定されます（**図4.18**）。分子レベルの吸着メカニズムのあるミクロ孔はナノレベルという極めて微細です。吸着する対象物質に適合した活性炭を慎重に選択する必要があります。

(4) 活性炭吸着と活性炭ろ層の特徴

活性炭の吸着メカニズムは複雑で、排水中の溶質（吸着質分子）が活性炭細孔の表面に付着する物理的な吸着であり、ファンデルワールス力（分子間引力）も関係します。比表面積が大きい活性炭ほど優れた吸着作用があります。

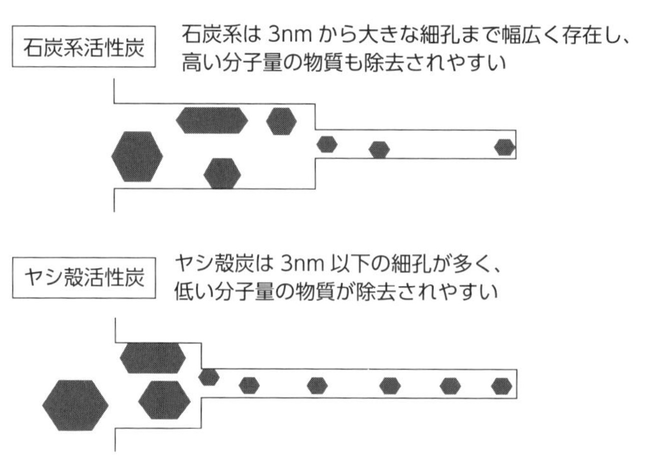

図4.18　活性炭細孔の吸着イメージ

砂ろ過層との比較で、ろ材のアンスラサイト（無煙炭の粒子）より活性炭粒子の方が物理強度は弱く、かつ細孔が容易に詰まりやすいため有効ろ過寿命も短いようです。破過点に達し吸着しなくなると、新炭に交換または活性炭を再生する必要があります。再生すると活性炭基質が3～10％ほど熱で損失するので、新炭を追加する必要が生じます。

活性炭には内部に多数の細孔があるので、物理的強度は弱く、強い空気洗浄や逆洗など粒子相互の衝突などで壊れやすい性質があります。海外マニュアルでは過度の逆洗や空気洗浄によって活性炭が破損し流失しないか、処理後の水を目視で監視するよう推奨しています。

(5) マクロ孔とミクロ孔による吸着作用

各種排水処理に適した活性炭は、様々な原料から製造されます。用途に応じて、瀝青炭（れきせいたん）、亜炭、泥炭、コークス（petrol coke）、木材・おがくず、ヤシ殻・ココナッツの殻などの多様な原材料が利用されています。大きく分けると、石炭系とヤシ殻などの木質系です。

原料を蒸し焼きして炭化し、賦活化することにより炭素が再配列して多孔質になります。具体的には、100nm～10μm程度の径のマクロ孔と、その孔の壁面に0.1～10nm程度のミクロ孔が枝分かれして生じます。このような多孔質構造が活性炭の特長です。マクロ孔とミクロ孔の中間サイズの細孔

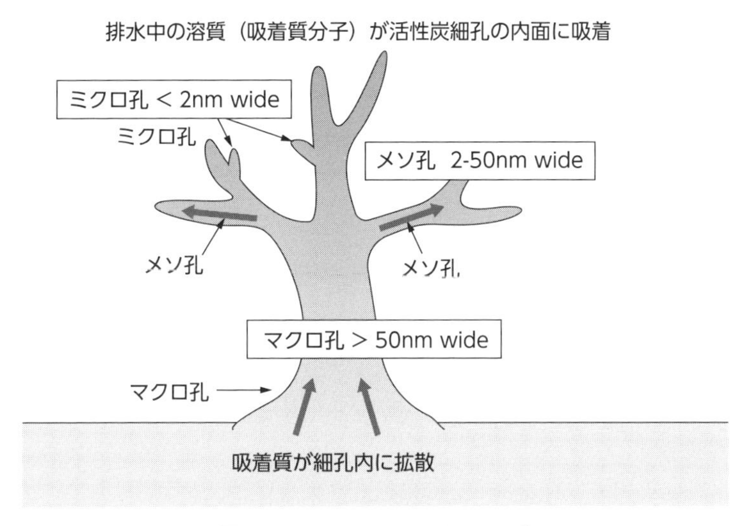

図4.19　活性炭の多孔質イメージ

はメソ孔と呼ばれます（**図4.19**）。メソ孔は吸着もしますが、小さな分子をミクロ孔に送る通路の役割があります。

▶ 活性炭吸着のポイント

（1）活性炭吸着の留意点

強い洗浄水で固定層内の構造がかく乱し、逆洗膨張（backwash expansion）も生じるので注意が必要です。さらに、未処理水の温度が高いと吸着機能が低下する場合もあります。水温がもっとも暖かくなる時期（最小膨張）ともっとも低温になる時期（最大膨張）にも留意する必要があります。

未処理水のpHは活性炭の吸着に影響します。すなわち、低いpHは酸の吸着を促進し、アルカリ条件では、塩基の吸着に有利に働きます。一方、活性炭自身がアルカリ性の場合もあるので品質に注意する必要もあります。活性炭のpH値は原料と製造方法により異なりますが、水蒸気賦活で熱処理温度が高くなるほどpHが高くなる傾向もあるようです。

（2）活性炭の不純物

産地にもよりますが、活性炭にはアルミニウム、鉄、マンガン、シリカなどの汚染物質が含まれている可能性があります。とくに、安価な輸入品には十分注意すべきと思われます。また、再生のため賦活化しても吸着物が完全に除去または分解されているとは限りません。そこで自社で使用した再生炭以外は使用しないことが大原則です。

(3) 活性炭吸着の運転パラメーター

活性炭吸着はデリケートな反応なので、処理前と処理後の水質を高頻度でチェックします。定期的な水質モニタリングで未処理水の負荷量（濃度）に異常がないか確認し、処理後の水質も安定しているか確認します。

活性炭は最後の仕上げ用なので、原水中の急な濁度上昇や藻類などは前処理で抑えなければなりません。とくに工業用水由来（湖沼など）のプランクトンや藻類の流入は逆洗回数を増加させるなど活性炭に悪影響を与えます。

▶ 破過曲線

排水処理で利用されるのは主に粒状活性炭ですが、すでに触れたとおり、一定の通水時間が経過すると飽和して吸着しなくなります。この関係を示したものが破過曲線です（**図4.20**）。通水とともに吸着帯が出口方向へ移動して、やがて吸着体の全体が飽和して破過点に到達します。

▶ 活性炭の利点と欠点

活性炭は、分子サイズを含む様々な微細物質を吸着して排水を浄化する機

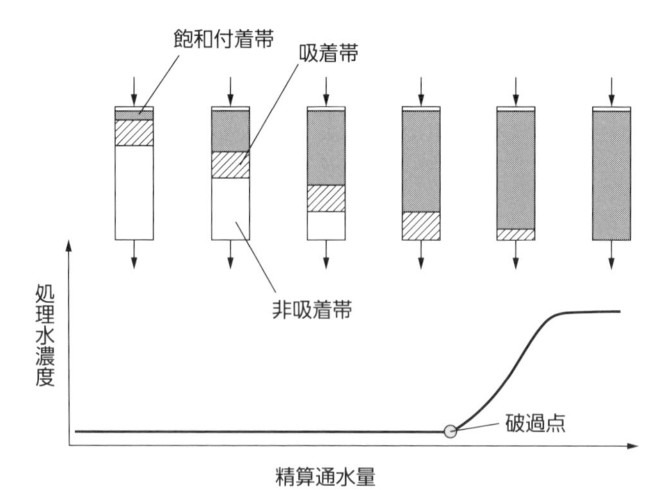

（出典：「新・公害防止の技術と法規」産業環境管理協会）

図4.20　吸着帯の移動と破過曲線

能があります。用途に応じて原料や炭化／賦活法を変えることで、吸着性能を微妙に調整することができます。活性炭吸着の主な長所は次のとおりです。

①少ない投資で、既存水処理設備に後付けで活性炭吸着設備を設置可能
②難分解性の塩素有機化合物や有害生成物の前駆体などを効果的に除去
③パッケージ型活性炭吸着機器なら低コストで導入が可能

一般的な欠点には次のようなものが含まれます。

①処理前の水質がかなり良好でないと活性炭寿命は短い（破過点到達）
②活性炭は物理強度が弱く損傷しやすく、価格も高い（再生利用可能）
③活性炭ろ槽内で微生物が増殖し菌体や代謝産物が流出するおそれ（活性炭表面に付着したバクテリアで汚水浄化に役立つケースあり）

具体的な詳細情報は、活性炭メーカーやサプライヤーへの問い合わせが必要です。

- ◆ 吸着対象にもよるが、pHや水温で吸着機能が微妙に変化
- ◆ 粗悪な活性炭にはシリカ、鉄、マンガン、アルミニウムなど不純物含有
- ◆ 活性炭は細孔が非常に多いので逆洗で損傷し微粉が発生する可能性
- ◆ 活性炭の選択は吸着能にあるが、洗浄や再生に対する強度と耐摩耗性もあり、再生時の基質損失が少ない品質なども選択ポイント
- ◆ 活性炭は絶対的な吸着量が少ない上、排水に雑多な有機物が含まれると、これらを吸着するので、有機塩素系化合物などターゲットにした物質の吸着量がさらに少なくなる

4.7 汚泥脱水処理

環境法令や環境保全協定により排煙や排水が厳しく規制され、過去のように環境へ未処理で排出することは禁じられています。公害防止機器によって除去された大気および水質の汚染物質や洗浄水などから、大量の汚泥が発生します。産業廃棄物で排出量がもっとも多いのは汚泥です。排水処理で汚泥の処理はもっとも費用と手間がかかるプロセスなので、汚泥の脱水について基礎技術をまとめてみます。

▶ 汚泥脱水の基本知識

運搬費用や処分費用など汚泥の処理費用は重量で決まります。脱水や乾燥などで汚泥を減量化することは即、大きな経費削減になるので極めて重要といえます。汚泥中の水分を除去することで容積を減少させ、焼却やセメント利用、埋め立てなど、汚泥の処理および処分（再生）が可能になります。

例えば、含水率98％の濃縮汚泥を含水率80％程度に脱水すると、泥水状のものがケーキ状になり、容量が1/10に減少します。同様に**含水率99％と含水率98％のように含水率がわずか1％減るだけで、全体量100が半分の50**になります。従量で汚泥運賃や処理量が決まるなら費用は半分になります。模式図を眺めると違いがよく理解できます（**図4.21**）。

▶ 維持管理や電力・環境面で最新機器が有利

汚水処理全般にもいえますが、排水の設備投資ができず古い機器を大事に使用している事業所が多いです。耐用年数を超えて使用しているケースもかなりあります。

しかし冷静に考えると、古い設備は処理能力が低く、安全機能なども劣り、故障が頻発し、消費電力なども大きいケースがみられます。実態に合致した新しい設備を導入したほうが、省力化や維持管理の軽減など、中長期的にみると経済的な場合もあります。故障して完全に動かなくなるまで使うより、設備の更新や改良をしたほうが安全で経済的といえます。

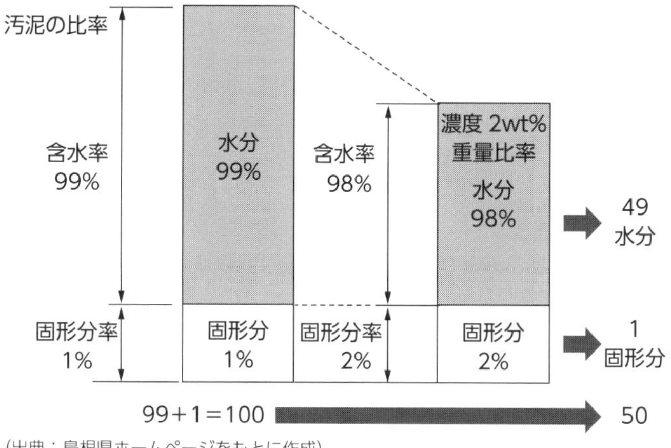

（出典：島根県ホームページをもとに作成）

図4.21　汚泥比率の変化

▶ 濃縮汚泥と凝集剤

汚泥の脱水について、基本的プロセスを解説してみます。工場などで発生した汚泥を、タンクや濃縮槽などに入れて静置沈殿させ時間が経過すると、うわ水と沈降した濃縮汚泥になります。こういった汚泥の重力濃縮は、電力消費など運転コストがほとんどかかりません。

初期の段階では濃い泥水の含水率は95％前後といわれます。時間がかかる濃縮槽でなく、動力を利用した遠心濃縮なども利用されることがあります。

濃縮汚泥に様々な**凝集剤を添加して、汚泥粒子をフロック状にして脱水しやすい状態**にします。汚泥の構成物や性状、脱水方法に応じた適切な凝集剤添加が重要です。脱水機メーカー数社にヒアリングしたところ、最近は2種類の凝集剤を適宜添加することが増える傾向にあると聞きます。中には脱水途中で別の凝集剤を添加して、最適な脱水プロセスを追求するケースもあります。

遠心脱水機に関して、回転筒の改良や入れ替えで消費電力を3割以上も低減できる設備や、低遠心力の脱水方法で故障が少なくなる省メンテナンスの脱水機も開発されています。最近の遠心脱水機では、高分子凝集剤の添加に加え、無機凝集剤のポリ硫酸第二鉄をタイミングよく追加添加することで、脱水ケーキ含水率をさらに10％以上低減する技術もあります。こういった無機凝集剤の後添加により、全体的な凝集剤の添加量削減と低含水率化が可能になります。関連メーカーに照会すると、様々な情報を入手できます。

▶ 脱水ケーキと凝集剤

汚泥脱水では、凝集剤添加のノウハウがコスト面と脱水機能面でとても重要です。したがって、汚泥の性状に適合した凝集剤の選択や組み合わせなど、添加方法の工夫がポイントになります。最近では微量の薬注で最適脱水が可能になるケース、無薬注をめざす設備の改善や脱水方法もいろいろと開発されているようです。

前処理した濃縮汚泥は、脱水機で処理すると固形状の脱水ケーキになります。発生汚泥の性状、水処理の適用技術や濃縮・脱水などの工程により異なりますが、脱水処理によって水分が75〜85％程度の粘土状態になります。現場では脱水前の汚泥性状が変化するので、含水率が高く水っぽく湿り気が多かったり、硬めの固形物になったりと、脱水ケーキが一定しない場合もあります。一方、余剰の凝集剤が河川に流出し、環境汚染の原因となる問題も静岡県などで生じました。

▶ 主たる脱水方法

汚泥の脱水費用は、重力を利用した沈降濃縮によるものがもっとも経済的です。機械的な脱水（ろ過や遠心分離など）に続き、熱による脱水（蒸発、乾燥）がもっともコストが高くなります。一般的な前処理として、沈殿池や沈殿槽で発生した汚泥をシックナーで水分を減らして体積を小さくします。汚泥を遠心濃縮機にかけて短時間で水分を減らすこともできます。

工場や事業所で利用される脱水機としては、遠心脱水機以外に、フィルタープレス、ベルトプレス、スクリュープレスを見かけます。それらの概要を『新・公害防止の技術と法規』（産業環境管理協会）を参考にして簡単にまとめます。

(1) フィルタープレス

フィルタープレスは、加圧脱水装置の代表です。高圧でろ過するため、脱水ケーキの含水率が低くなります。加圧ポンプでろ過機の各ろ過室（ろ板に挟まれたろ布の中）に汚泥を押し込み、圧搾脱水し、一定時間が経過したら汚泥の供給を停止し、各ろ過板を外して脱水ケーキを排出します。作業終了後に再び組み立てて、新たなろ過を開始します。通常は200〜800kPa程度の圧力で操作します。ろ過圧力を大きくとることが可能であり、扱い量に応じてろ過面積を増減できます。導入するフィルタープレスの大きさは、小形の試験機を用いて実際に汚泥の圧搾脱水を実施して実験的に決めます。加圧ろ過方式は機械的な圧力によって汚泥をろ布に付着させて脱水を行います（図4.22）。

（2）ベルトプレス（加圧ロール脱水）

汚泥に高分子凝集剤を添加して凝集させ、これを目の粗いベルト状のろ布の上で重力によってある程度自然脱水してから、ろ布の間に挟み上下からロールを介して圧搾させ脱水します。液状の汚泥をいきなりロールで圧搾しても、ベルトの間からはみ出してしまうため、重力による予備濃縮で汚泥の流動性を極力少なくします。ロールによる圧搾区間では、ロール間隔を調節して圧力が徐々に加わるように調整します。

ベルトプレスは、フィルタープレスに次いで脱水ケーキの含水率が低くなる方法で、運転騒音が小さく、遠心脱水に比べて動力は小さいといわれます。粗目のろ布の代わりに多孔質のフェルトまたはスポンジを用い、毛細管作用を利用するようなタイプもあります。

ロール脱水機を図4.23に示します。同図に記した混合機に入れる薬品は凝集剤です。ロール脱水法では少量の高分子凝集剤を使用することが多いよう

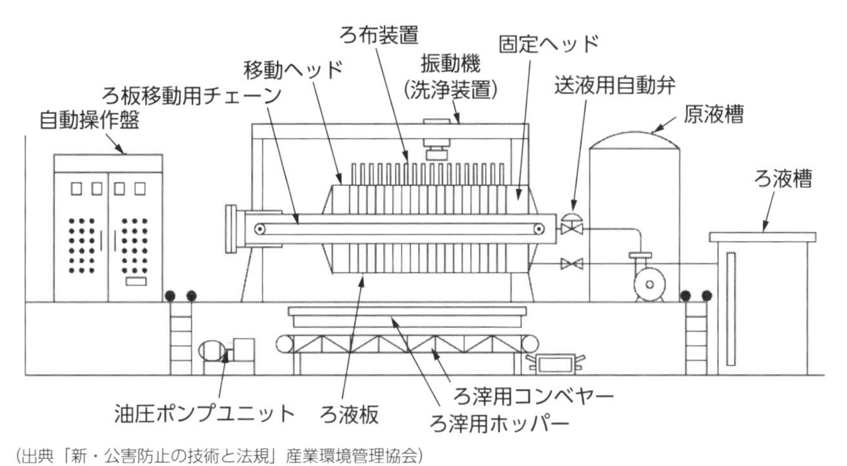

（出典「新・公害防止の技術と法規」産業環境管理協会）

図4.22　加圧ろ過の例

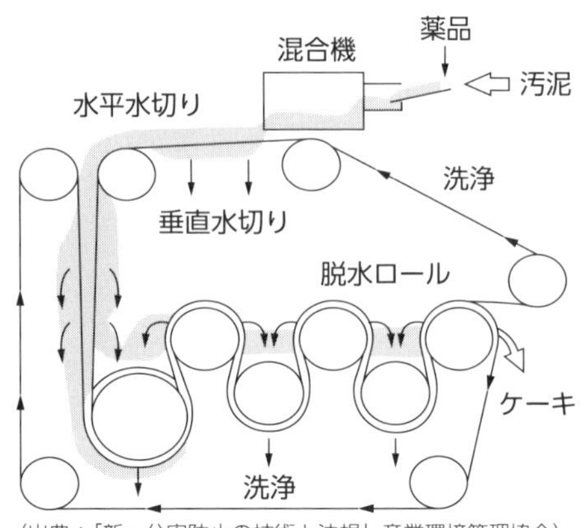

(出典:「新・公害防止の技術と法規」産業環境管理協会)

図4.23　ロール脱水機

です。

(3) スクリュープレス

スクリュープレスは、菜種油(なたねあぶら)など搾油工業で古くから利用されていた伝統的技術で、脱水性のいい汚泥に適しています。構造は、外側の円筒状の固定ケージとその中で回転ウォーム軸(スクリュー)から成ります(**図4.24**)。ケージは径2~3mmの細孔を有するステンレス鋼製の円筒(パンチングプレート)で構成され、脱水ろ液はこの細孔から流出します。ウォームの回転によってスラッジをケージ内へ送り込み、ウォーム軸に沿ってスラッジを次第に挟隙部へ送り込みます。それぞれのスクリュー間における汚泥の充填度を高く保つことで、脱水効率が高くなります。内部は出口に向かって狭くなっているので、狭い部分で発生する圧搾圧力によって汚泥は圧縮され脱水します。

最近は、高分子凝集剤など脱水助剤の技術応用に加え、高圧と熱も利用されます。スクリュー軸を中空にして蒸気(200~250kPa)を圧入し、スラッジの温度を70~100℃まで上げることができるものもあるようです。この圧力や加温によって脱水性能が向上します。

汚泥の話に戻ります。処理後の脱水ケーキ水分は平均で70%程度といわれ、スクリュープレスは繊維分に富む汚泥の脱水に適します。したがって、製紙工場の汚泥処理に多く用いられています。

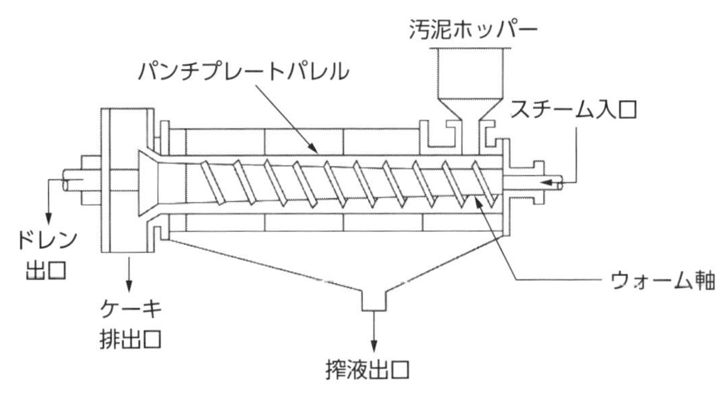

（出典：「新・公害防止の技術と法規」産業環境管理協会）

図4.24　スクリュープレス

MEMO▶ 加熱による搾油

搾油前の加熱は古くから製油工程（菜種やゴマなどの種子）で極めて大切な工程とされ、その効果は、①種子中のタンパク質を凝固させ油滴を集合させ、絞った油滴の流動性をよくするとともに、細胞組織間の油の通過を容易にし、②油脂と他の細胞膜表面との親和性を低下させ油脂の分離をよくし、③種子の乾燥によって種子固形部の可塑性をよくする……など。結果として、加熱は油の収量や品質を高めることができるといわれます。

一方、菜種種子の圧搾工程の前処理として、マイクロ波照射による種子加熱をした研究があります。加熱の結果、種子細胞内の微細構造が破壊され、120℃以上の加熱では圧搾率が有意に増加していることが判明しています。

ここがポイント！

- ◆ 含水率98％の汚泥を80％に脱水すると容量が1/10に減少
- ◆ 前処理は発生した汚泥を汚泥濃縮槽（シックナー）で水分を減らして減容
- ◆ 凝集剤で汚泥粒子をフロック状にして脱水を容易にする
- ◆ ベルトプレス、フィルタープレスなど汚泥性状に適した手法がある

SDGsとGHG・IPCC報告を読む

5.1 SDGsとサーキュラーエコノミー

経済誌や新聞では英語やカタカナの環境用語が氾濫しています。環境経営に関するものから重要用語のSDGsとCEを解説したいと思います。

▶ 持続可能な開発目標と事業の持続可能性・存在意義

持続可能な開発目標（SDGs）への取り組み状況を定期的に評価し公表する企業が、ここ数年増加しています。自社の事業や社会活動とSDGsの17目標との関連性を"紐づけ"して、統合報告書などにSDGsの取り組み状況を掲載するのは珍しくありません。

SDGsは国連サミットで採択された、持続可能で多様性と**包摂性（インクルージョン）**のある社会の実現のための17の国際目標です。包摂性とは「誰1人取り残さない」といった意味です。2030年を年限とする17の目標、169のターゲットが2015年サミットで合意されました（**表5.1**）。

人類や地球の存続基盤である環境をベースにして、社会や経済に関する目標も幅広く設定されています。これはすべてのステークホルダーが取り組むべき国際目標です。SDGsは上場企業から個人事業までビジネスの持続可能性や企業の存在意義を考えるときにも参考になるコンセプトです。

SDGsを敷衍（ふえん）して考えると、企業経営の**サステナビリティ**を検討するときに次のような広範な課題にどう対処するのか、自社のビジネスに影響するのか、ビジネスチャンスはないのか、さらに進んで、情報技術ITやデジタル化・デジタルトランスフォーメーション（DX）、人工知能（AI）など先進ツールを活用できないか、なども必要になると思われます。

環境課題には気候変動（地球温暖化）、自然災害、水の問題、資源・エネルギー、生物多様性といったものがあります。社会問題では、新型コロナウイルスのような感染症、貧困、教育、人権、ジェンダー差別、先進国の少子高齢化、世界80億人の人口問題、戦争・紛争などが挙げられます。経済では、環境とも関連する、燃料高騰・供給不安、資源枯渇、原材料サプライ

表5.1　SDGsの目標

No.	目標	主なカテゴリー
1	貧困をなくそう	社会
2	飢餓をゼロに	社会
3	すべての人に健康と福祉を	社会
4	質の高い教育をみんなに	社会
5	ジェンダー平等を実現しよう	社会
6	安全な水とトイレを世界中に	環境
7	エネルギーをみんなに そしてクリーンに	社会
8	働きがいも 経済成長も	経済
9	産業と技術革新の基盤をつくろう	経済
10	人や国の不平等をなくそう	経済
11	住み続けられるまちづくりを	社会
12	つくる責任 つかう責任	経済
13	気候変動に具体的な対策を	環境
14	海の豊かさを守ろう	環境
15	陸の豊かさも守ろう	環境
16	平和と公正をすべての人に	社会
17	パートナーシップで目標を達成しよう	社会

チェーンなどに加え、南北問題・格差、社会福祉の財源、都市問題、失業など幅広い課題があります（環境・社会・経済の各課題はジャンルが相互に重複します）。

▶ EUのサーキュラーエコノミー

欧州連合（EU）が導入したサーキュラーエコノミーは「循環経済」という意味で「CE」と略します。大量生産と大量消費の弊害で、資源枯渇と廃棄物の発生が問題となっています。そこで、使用済製品の再資源化などを強化して廃棄物ゼロをめざすCEの考えをEUは採用しました。

その具体策の1つが2023年以降に施行予定の「バッテリーパスポート」で、製品設計から製造、廃棄・再生までライフサイクル全体に及ぶ包括的規制になります。この制度はデジタルツインを利用する予定です。デジタルツインとは現実の世界で得た様々なデータを、まるで双子のように、コンピュータの仮想空間で再現するIT技術です。

バッテリーパスポートの電子記録を介してライフサイクルの各過程で排出された温室効果ガスの量など、多くの情報提供（アクセス義務）が決定されています。情報例として、リチウムなどの鉱山・材料原産地、材料や部品の生産者、セル・モジュール生産者、化学的組成（材料比率など）、リサイクル再生材含有率、性能、耐久性、製造時の炭素排出量、危険物含有、電池の健康診断、炭素排出影響、EU指令適合宣言、移動・収集、製品保有履歴、ライフサイクルの炭素排出量と環境影響などが想定されます。

日本貿易振興機構（JETRO）によると、EU理事会と欧州議会は2022年12月9日に現行バッテリー指令を大幅に改正するバッテリー規則案の暫定合意に達したと発表しています。規制対象は、産業用バッテリーと電動自転車・スクーター用バッテリー（2kWh超）、すべての電気自動車（EV）用バッテリーです。輸入品を含むEU域内で販売されるすべてのバッテリーを対象に、カーボンフットプリントの報告や原材料リサイクルなどに関する詳細情報を管理します。今後、QRコードを電池にラベル表示するなど様々な

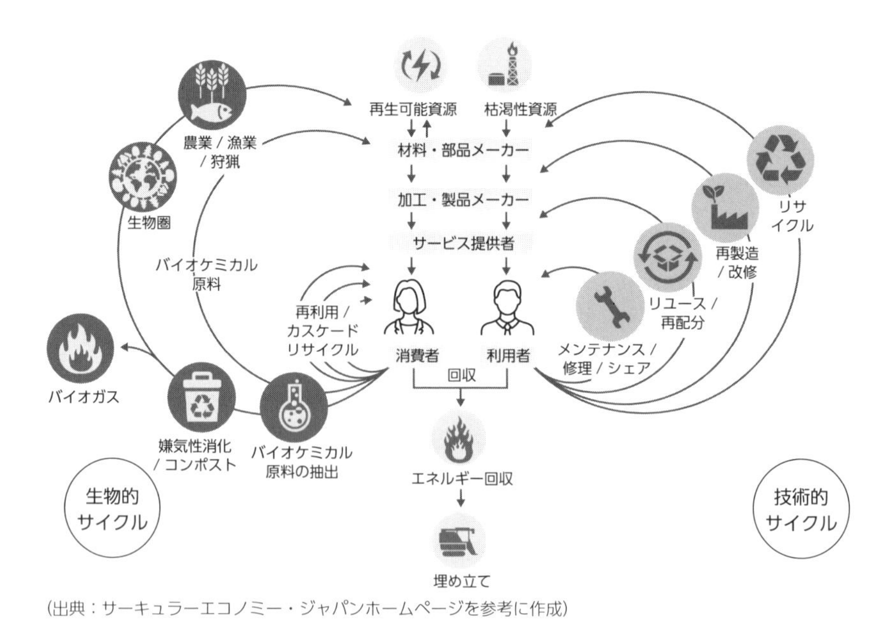

（出典：サーキュラーエコノミー・ジャパンホームページを参考に作成）

図5.1　サーキュラーエコノミーの概念図（Ellen Macarthur Foundation）

義務も段階的に適用される予定です。

図5.1のEUサーキュラーエコノミーの理念に基づき、バッテリーに関しリサイクル原材料の最低使用割合なども示されます。また、SDGsに対応する責任ある原材料調達など大企業にサプライチェーンに対するデューデリジェンス義務も予定されています。

東洋大学の廣瀬弥生教授がいうように、「欧州はCE実現により単に地球環境保護のためにコストをかけるだけの“対応”をしているわけではなく、自国の“強み”を活かした競争優位性を高める戦略を展開。多くの欧州製造企業では、環境政策をうまく取り入れて、CEを自社のデジタルプラットフォーム戦略の差別化要因として活用したビジネスモデルを構築し、収益増をねらう動きが出ている」状況です（月刊「環境管理」2022年6月号）。

日本経済団体連合会もCEの実現に向けた優れた提言を2023年2月14日に発表しています。

MEMO▶デューデリジェンス義務

欧州委員会は「企業サステナビリティ・デューデリジェンス指令案（DD案)」を2022年に発表し、2023年1月に欧州27産業団体が意見書を提出。DD案は売上1.5億ユーロ、従業員500人など一定規模以上の事業者に、環境や人権に関するデューデリジェンスの実施を義務付けるものです。自社活動のみならず、子会社や原材料供給網などバリューチェーンで生じる環境影響（生物多様性含む）が調査対象になる見込みです。広範な環境リスク対応を求められるなど欧州と取引がある日本企業にも影響が生じると思われます。

- ◆ SDGsの環境、社会、経済に関する取り組み状況を企業は定期的に評価し公表
- ◆ サーキュラーエコノミーはIT技術を活用して循環経済をめざす
- ◆ ライフサイクルやサプライチェーンを網羅するバッテリーパスポート

5.2 二酸化炭素などGHG

興味深い実話を紹介します。国立大学で環境を長年研究していた科学者が「二酸化炭素（CO_2）の大気濃度が400ppmを超えたら地球が大変な事態になって人が死ぬんじゃないか」と学生時代に真剣に議論したそうです。それから50年経過した2013年にCO_2濃度が3割も増加し400ppmを超えて、コロナ禍の後も420ppm以上に増え続けています。温暖化や異常気象で農作物や果実に影響が出て、海水温が上がってサンマが日本に近寄らず、ウイルスによる感染症も増加傾向にあります。これらはより“大変な事態”が起きる前兆なのかもしれません。中国やインド、米国でCO_2の大量排出が続く中、許容できる濃度はどの程度で、CO_2濃度がどこまで上昇したら地球は破滅するのでしょうか。

▶ 過去250年のCO_2濃度

大気のある地表付近は生物圏（Biosphere）で、植物プランクトンや樹木などの光合成をする生物がCO_2を吸収するので、噴火や山火事があっても大気中のCO_2はほぼ一定に保たれていました。ところが、産業革命を契機として化石燃料の大量使用があり、大気中のCO_2濃度が急上昇しました。

過去250年のCO_2濃度変動を**図5.2**に示します。過去の濃度は、南極の昭和基地から70kmほど内陸の氷床コアと南極点での直接観測から得たデータから作成したものです。産業革命以前の濃度は、ほぼ280ppm前後で安定しています。このレベルが本来の適正濃度なのかもしれません。2021年の世界の平均濃度は415.7ppmとなり、産業革命以前の平均的な値とされる278.3ppmと比べて約50%も増加しています。

人類の生存に関してCO_2濃度の限界はあるのでしょうか。実はCO_2だけでなく水蒸気、メタンやフロンなど多くの物質が温暖化に複雑に関係しています。しかし、平均気温が何℃まで許容できるか、という計算はできています。パリ協定では、産業革命前と比較して気温上昇を2℃以内（できれば

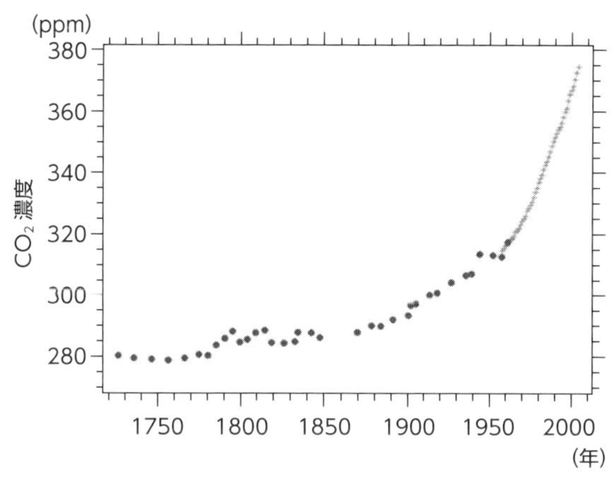

（出典：東北大学大学院理学研究科大気海洋変動観測研究センター物質循環分野）

図5.2　過去250年間の大気中CO_2濃度の変動

1.5℃以内）にすることが推奨されています。そのシナリオが過去から多数の研究者によって検討され、温室効果ガス（GHG）などの代表的な濃度経路RCPは、放射強制力の増加分を2.6 W/m^2に抑え、平均温度の上昇を2℃程度に抑えようとしました。

▶ 放射強制力

GHGごとの放射強制力が注目されるようになりました。放射強制力とは、IPCC（気候変動に関する政府間パネル，2001）が「対流圏界面における、成層圏の調節を経た放射フラックスの変化量」と定義しています。換言すれば、CO_2濃度の変化や雲の分布などにより地球気候に変化が生じた際の放射エネルギー収支（放射収支）の変化量です。例えば、地球が太陽に近づけば地球の大気に入射する放射エネルギーが増加するため、太陽照度の増加分が正の放射強制力となります。**GHG**の増加は、正の放射強制力（温暖化）となります。GHGとはGreenhouse Gasの略で、太陽から受けた熱を大気にとどめて地表を暖める効果があります。そして放射強制力はどの程度の温室効果をもたらすかの指標にもなります。

表5.2に一部抜粋したとおり、自然界で分解しにくい長寿命のGHG（CO_2、メタン、一酸化二窒素など）濃度の増加による放射強制力は全体で＋2.63［±0.26］W/m^2とされました（IPCC AR4 WG1）。現在はもっと

表5.2　GHGなどの放射強制力

温室効果ガス（GHG）の種類	放射強制力（2005年）
二酸化炭素（CO_2）　379ppm	＋1.66［±0.17］W/m^2
メタン（CH_4）1774ppb	＋0.48［±0.05］W/m^2
一酸化二窒素（N_2O）319ppb	＋0.16［±0.02］W/m^2

（出典：IPCC AR4 WG1資料から抜粋）

数値が大きくなって温暖化が進んでいます。

次に各GHGが2010～2019年の間にどのくらい昇温に寄与したか説明します。

2022年のIPCC報告（AR6 WG1）によると、放射強制力の研究から評価された、1850～1900年を基準とした2010～2019年の昇温におけるGHGごとの寄与は**図5.3**のとおりです。CO_2との比較でメタンや揮発性有機化合物（VOC）の影響も大きいです。

一方、二酸化硫黄（SO_2）がマイナスの効果になっています。エアロゾルのSO_2が減ると温度は上昇しますが、SO_2は大気汚染物質なので、地球温暖化とは関係なく公害対策として削減しなければなりません。土地利用変化（土地利用に伴う反射率および灌漑（かんがい））や飛行機雲による気温変化も興味深いです。エアロゾル（大気中の微粒子、エーロゾル）については、直接的効果（放射を通した）および間接的効果（雲との相互作用を通した）が考慮されています。

雲との相互作用は、雲形成に必要な凝結核となるエアロゾルが大気中に増加すると、微小の雲粒が急成長して水蒸気が濃い雲（氷晶がない雲粒のみの水雲）に変わり、長期にわたり太陽放射を宇宙へ反射して地表を冷やす作用です。

▶ 地球温暖化係数

温室効果の程度を示す地球温暖化係数も重要です。これはGHGが大気中に放出されたとき100年間に地表に与える放射エネルギーの積算値（累積の温暖化影響）のことです。CO_2の値を1として比較します。メタン（CH_4）が25、一酸化二窒素（N_2O）は298となります。変電設備で使用される六

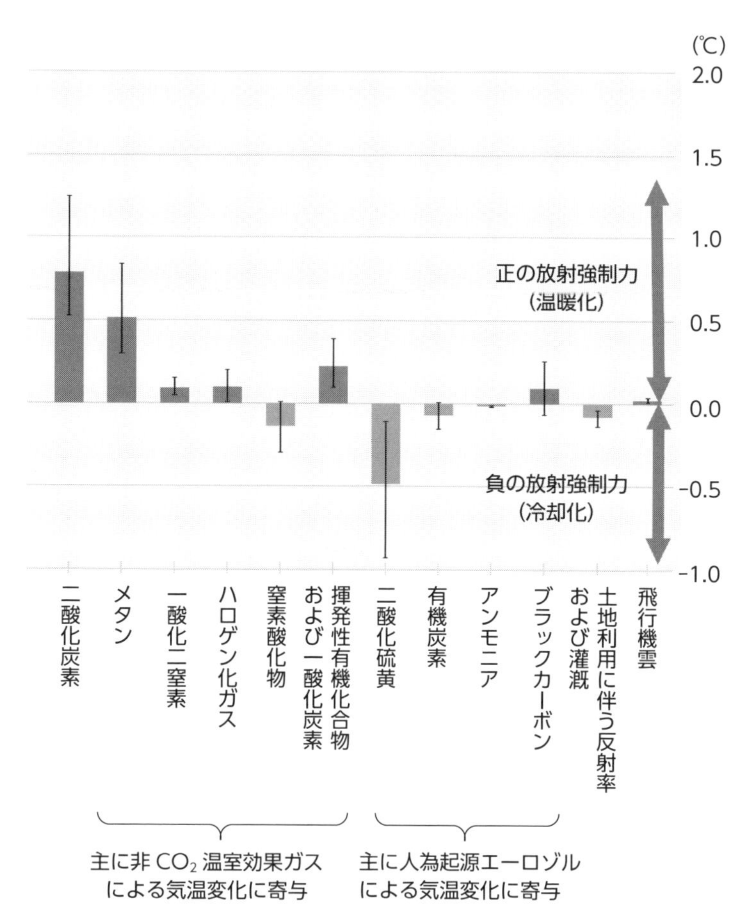

図5.3　2010～2019年の観測された昇温寄与　IPCC 2022-5

フッ化硫黄（SF_6）になると、22,800です。SF_6は単位質量（例えば1kg）当たりCO_2の2.2万倍以上の温室効果があると評価できます。

SF_6は優れた絶縁性能を持つ気体で、人体に安全でかつ安定しているためガス遮断器やガス絶縁開閉装置、高圧電気機器に使用されていますが、地球温暖化係数が非常に高いので欧州などで禁止されています。日本では太陽光発電などの変電施設でSF_6が使用されています。

MEMO ▶ 日本国内の脱炭素政策

これまで説明したような背景もあり、COP合意など国連の動きと連動して、日本も本格的に環境政策を稼働させています。さっそく地球温暖化対策の推進に関する法律（温対法）の一部を改正する法律が2021年6月に公布され、2022年4月から施行されました。国として地球温暖化対策計画の策定やGHGの排出量の削減などを促進するための措置を講じることにより、地球温暖化対策の推進などが目的とされています。

この法改正で注目すべきは、2050年までの脱炭素社会の実現を基本理念に掲げたことです。つまり、2050年のカーボンニュートラル実現が国の法律、温対法に明記されたのです。カーボンニュートラルとはGHGの排出量と吸収量を均衡させることです。また「排出を全体としてゼロ」というのは、CO_2をはじめとするGHGの排出量から、植林、森林管理などによる吸収量を差し引いて、その合計を実質ゼロにするという意味です。

脱炭素経営を促進するため企業の排出量情報のデジタル化・オープンデータ化も必要になりました。大口の排出事業所ではGHGを自ら算定し電子システムで報告し、それを国が集計し公表します。個別企業の排出量は一般市民や顧客、ESG投資家が注目します。

◆ ほぼ280ppmで安定していたCO_2濃度が420ppm以上に上昇中
◆ 温室効果ガスごとの放射強制力と地球温暖化係数
◆ 2050年までに脱炭素社会を実現（基本理念）

5.3 地球温暖化の基礎知識

地球温暖化や気象気候に関する基礎知識について説明します。これらは地球レベルの問題なので国際的な知見が必要になります。そこで、南ジョージア大学および北イリノイ大学などの米国大学の教養課程テキストを参考にして、グローバルな情報も織り交ぜて解説します。

▶ 気候と気象の違い

ニューヨークにある広大なセントラルパーク内には、一枚岩の巨大な岩石が露出しています。現地を観察すると、厚い氷河で表面が水平に削られた跡も残っています。公園内には氷河が残した大きな迷子石も確認できます。これらの痕跡から、相当長い期間、ニューヨークは氷雪に埋まった極寒の気候（氷期）であったと判断できます。

米国東海岸は、暖かいメキシコ湾流Gulf Streamなどの影響もあり、比較的温暖な気候になっています。しかし、最近はニューヨークでも吹雪で-15℃以下や、逆に40℃を超える高温など異常気象が頻発しています。数年前には記録的な豪雨で、セントラルパークで観測史上最大の80mm/hの土砂降りで、摩天楼の間を走る道路が濁流の川と豹変（ひょうへん）しました。報道によると、地下鉄やビルの地下室には大量の雨水が滝のように流れ込んだそうです。

このような異常気象の「気象」は、太陽エネルギーによる大気の物理現象であり、気温、湿度、気圧、気団、風、降水量など多くのパラメーターがあります。法律のような厳格な定義はありませんが、時間、日、週など**比較的短い期間の大気現象が気象**（天候や天気）です。

一方、**長期の平均的大気状態を「気候」**といい、ある地域の1年を周期として繰り返される、気温や風雨など大気の状態を気候と呼びます。一般的に30年間の平均値で判断します。「平年値」とはその直前30年間の平均なので、未来の気候を予測するのは非常に困難です。

▶ 地球温暖化

環境地質学（日本の地学や自然地理学に該当）を研究する一部の専門家は、「気候変動が突然起きる」と予言しています。突然といっても、巨大隕石の衝突を除けば地質年代的には数十年程度の時間軸です。それが現在起きようとしています。産業革命前は大気中のCO_2濃度は280 ppm前後で、300 ppmを超えることはほとんどありません。しかし、温暖化が進む中で420 ppmを超える状況です。

▶ 温室効果ガス（GHG）

南極ボストーク基地の氷床コア（3,300 m厚の氷中気泡）から、過去42万年にわたる大気中のCO_2などの濃度が測定されています。調査の結果、気温変化と連動し氷期にCO_2の濃度が低くなり、暖かい間氷期に高くなる周期的変動が判明しています。**図5.4**が示すとおり、温暖化や寒冷化など非常に大きな変動は過去に何度も繰り返し起きています。他の南極基地やグリーンランドの氷床コアでも同様な結果があり、酸素同位体比による深海底のコア調査でも氷床コア調査と同じような結果が得られています。

産業革命以前にCO_2濃度が長期にわたり280 ppmを大きく超えることは

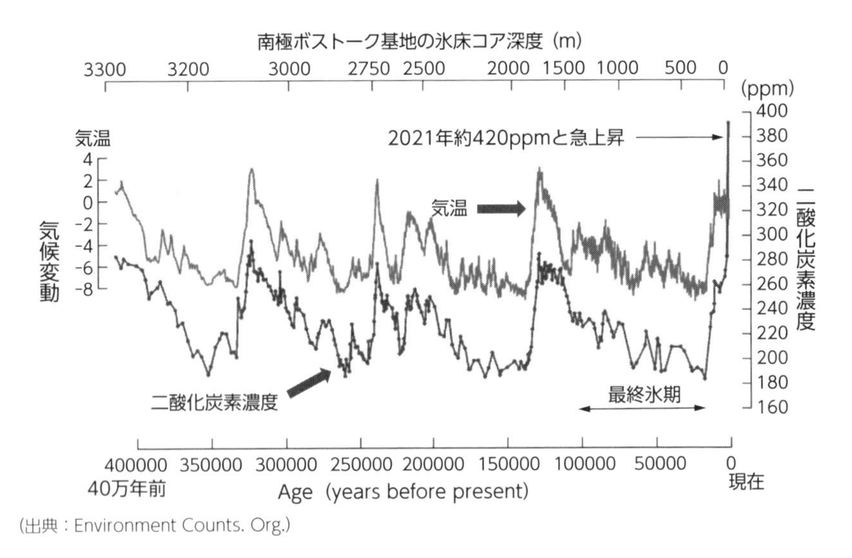

図5.4　CO_2濃度は気温変化と連動（40万年間の南極氷床コア）

ありません。しかし、最近では420ppm以上という異常ともいえる濃度を測定し、世界各地の最高気温が40℃から50℃といった過去にない上昇を記録しています。それに伴って、熱波や干ばつ、山火事も発生しています。

新型コロナの感染が世界に広がった2020年以降においても、経済低迷にもかかわらず大気中の年平均CO_2濃度は上昇傾向です。GHGである、メタン、一酸化二窒素 ハロゲン化ガスなども大気濃度は上昇傾向です。

▶ 地球を冷やす冷却効果

IPCC報告書では「温室効果ガスによる昇温の一部は**エーロゾルによる冷却効果で部分的に抑制**されている」という報告があります。エーロゾル（エアロゾル）は大気中のチリ、大気に浮遊している微細粒子で、太陽光を反射して地表面に到達する日射量を減らす作用があります。火山噴火でも同様な現象が生じます。

フィリピンのピナツボ火山の大噴火（1991）で、火山性エアロゾルが成層圏にまで広がり、日傘効果により地表に達する日射量が最大5％程度減少し、各地で冷夏を経験しました。日本でも冷夏となり全国的にコメ不足になりました。地球全体で約0.4℃の気温低下がありました。

水蒸気が雲になるには、雨粒の種（核）となる**微粒子エアロゾル**が必要で、それが雲凝結核となり成長し、やがて雨になります。水蒸気とエアロゾルが大気中に存在して初めて雲が発生できます。小さい雲粒からなる白い雲は、太陽光の**反射率（アルベド）**が高くなります。また、小さな雲粒は雨粒に成長するまでの時間が比較的長くなるので、雲として存在する時間が長くなり、太陽光を反射している時間がより長くなると考えることもできます(雲寿命効果)＊[1]。

アルベドは太陽からの入射光と反射光のエネルギー比ですが、降雪で白くなった地表面は太陽光を反射させるので高いアルベドがあります。一般的に海洋や森林はアルベドが低い（日射を多く吸収）といえます。一方、雲は太陽の光を反射するだけでなく、地表からの熱（赤外線放射）などを吸収するため温室効果があります。この雲自体の温室効果と太陽光を雲が反射する日傘効果が競合しますが、エアロゾルの増加により全体として気温低下（冷却効果）をもたらすと評価できます。

産業革命以前から大気に水蒸気やCO_2など適度なGHGが存在するので、

地表付近は平均15℃程度の温暖な気候になっています。自然界で発生する水蒸気とCO_2であれば、地球の平均気温は動植物の生育に最適な15℃程度で長期安定すると思われます。

地球が受け取る太陽光と、日射の熱を得た地表が宇宙へ放出する赤外線は波長分布が異なります。1862年になってイギリスの物理学者チンダル（John Tyndall、チンダル現象を発見）は気体の赤外線吸収に関する研究で、酸素、窒素、水素などの気体は、可視光線や赤外線など太陽光をそのまま通して水蒸気やCO_2のような温室効果がないことを解明しました。なお、太陽光のエネルギーピークは可視光線付近にあり、日射を受けた地表が昼夜24時間、宇宙に向けて放出する赤外線は肉眼でみえず波長は長いです。

太陽で暖められた地表から、宇宙に向けて放射する熱エネルギー（赤外線）の一定量を、水蒸気やCO_2、メタンなどが吸収し再放出します。その下向きの放射が地表面を再び温めます。こういった温室効果が生じることを、チンダルは科学的に実証したといわれます（**図5.5**）。

スウェーデン人として初のノーベル化学賞を受賞したアレニウス（Svante A. Arrhenius）は、「二酸化炭素（温室効果ガス）の濃度変化によって、地表の温度は変化して氷期が開始する」という仮説を1896年に発表し、人間活動により温室効果ガスが温暖化の原因になることを予想しまし

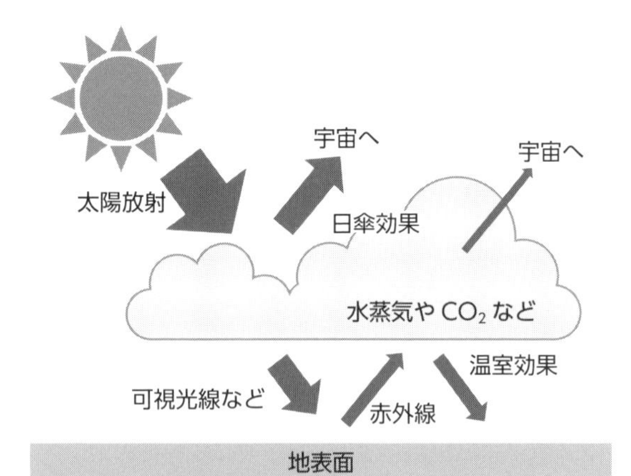

（出典：海洋研究開発機構をもとに作成）

図5.5　日傘効果と温室効果の模式イメージ

た。アレニウスは大気中のCO_2や水蒸気が赤外線をどの程度吸収するかを研究して、独自の温室効果理論を展開しています。

アレニウスは、温室効果による温暖化で過酷な氷期を阻止でき、人口が増加しても温暖化によって食料供給面で有利になると考えました。光合成をする植物プランクトンや陸上植物は、より増殖・繁茂し、食料が増産できると考えたと思われます。しかし、都市化した住宅密集地の平均気温が2℃や3℃以上も上昇している現在では、豪雨と水不足、農作物の高温障害・不作、ウイルスなどによる農畜産物の大量死、サンマなど漁獲量の激減、熱中症増加などマイナス面が多く、温暖化によるメリットはあまりないようです*[2]。

なお、『一般気象学 第2版 補訂版』(小倉義光、東京大学出版会)によると、CO_2の増加による温室効果で気温が上昇するという理論に対し「気温が上昇して海中に溶けていた二酸化炭素が空気中に移ったのかもしれず、どちらが原因でどちらが結果なのか、まだわかっていない」という見解もあります。日射の変動、森林伐採や海流の影響など多くの要素が関係します。

▶繰り返す氷期と間氷期

地球誕生から46億年も経過して、地質年代で眺めると、地球はほぼ10万年ごとに間氷期(暖かい気候)と氷期を繰り返しています。暖かい間氷期の後には気温が低下して、氷雪が陸上を覆います。海などから発生した水蒸気は、氷期になると雪や氷になり陸上に大量貯留されるので、海洋の水位は100mも低くなります。現在も南極やグリーンランドには、一部融解していますが、大量の氷雪が陸上に存在します。

太陽の黒点が11年周期で変化する影響や、地球の自転軸がぶれて地球軌道がほぼ10万年周期で変動する事実などもすでに判明しています。氷期と間氷期の約10万年ごとの周期は、ミランコビッチ・サイクル(自転軸と地球軌道の変化)に起因すると考えられていました。これは、地球の自転軸がぶれて、太陽の周りを回る軌道が変化することで日射量に変化が生じ、地球の気温が上下するサイクルです。日射量が増え気温が上がると、山岳氷河や極地方の氷雪が融け、氷期最盛期と比較して海水面が上昇します(**図5.6**)。

約1万8,000年前に最終氷期はピークを越えて、気温は上昇して温暖な間氷期になりましたが、14世紀から数世紀にわたる小氷期があったといわれます。この原因には、太陽活動や地球規模の海洋深層流(一周約2,000

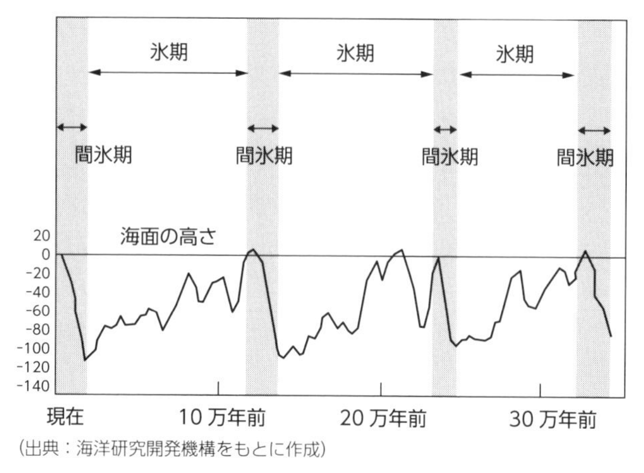

(出典：海洋研究開発機構をもとに作成)

図5.6　ほぼ10万年周期の氷期と間氷期

年）の変化が影響していると議論されています。それとは別に、縄文時代には一時的な温暖化があり、海水位が上がって現埼玉県まで海水が浸入して、貝塚の位置から当時の海岸線が推定でき「縄文海進」と呼ばれています。

＊1　「エアロゾルの温暖化抑止効果」永島達也、国立環境研究所地球環境研究センターニュース 2007 年 12 月号。

＊2　氷が溶けた北極海での航行、北極海沿岸やグリーンランドでの資源開発というプラス面もあります。

◆ 気温や雨など長期の気象状態が気候で、一般的に30年間の平均値で判断

◆ 過去40万年間をみても現在の温室効果ガスの増加は異常

5.4 世界気象機関とエルニーニョ

気候変動政府間パネル（Intergovernmental Panel on Climate Change）はIPCCと略されています。IPCCは国際的に気候変動を評価する中立な機関で、**国連環境計画（UNEP）と世界気象機関（WMO）によって設立**されました。気候変動の状態とそれが経済社会に及ぼす影響について、科学的見解を各国の政策担当者に提供しています。IPCCは、気候変動に関する世界の科学的、技術的、経済社会的情報を評価し報告書にまとめています。

▶ 世界気象機関

コロナ禍やウクライナ進攻などによる景気の後退にもかかわらずGHGの排出は続行し、温暖化も改善される兆しはありません。IPCCを国連と創設したWMOが、2023年1月に平均気温に関する最新情報を発表したのでその概要を最初に解説したいと思います。

▶ 2015～2022年は世界の平均気温がもっとも高かった

2022年までの過去8年間は年平均気温がもっとも高い期間であったことを、WMOが2023年1月12日に発表しました。増加し続ける温室効果ガス（GHG）と大気に蓄積し続ける熱によって地球の気温は観測開始以来、もっとも暖かくなりました。2022年の世界の平均気温も、産業革命前（1850-1900）のレベルを約1.15℃上回っていました。

過去8年（2015～2022年）で2016年はもっとも暑い年でしたが、この暑さは、非常に強いエルニーニョ現象（温海水）が関係しています。平均気温が上昇傾向なので、パリ協定の「2℃目標や1.5℃に抑える努力目標」は一段と難しくなっています。WMOは2022年まで3年連続して発生した「ラニーニャ現象（冷海水）による寒冷化は、記録的レベルの熱を大気に閉じ込める温室効果ガスの増加により長期温暖化傾向を逆転できません」とコメント。このように気温の変動には海洋や気流の影響もあることが理解できます。

▶ エルニーニョとラニーニャ

エルニーニョとラニーニャが出てきたので簡単に説明します。**エルニーニョは、太平洋赤道域の日付変更線付近から南米ペルー沿岸にかけて海面水温が平年より高くなる現象**です。ペルー沖で深海の冷たい海水が平年のように海面に上昇しません。一方、**ラニーニャとは、太平洋中部および東部赤道域の海面水温が大規模に冷却され海面水温が平年より低い現象**を指します。東部のペルー沿岸で、冷たい海水の湧き上がりが平年より強くなります。水温上昇のエルニーニョと水温下降のラニーニャは、それぞれ気象に逆の影響を与えます（**図5.7**）。いずれも海流がもたらす現象で、気象庁なども指摘す

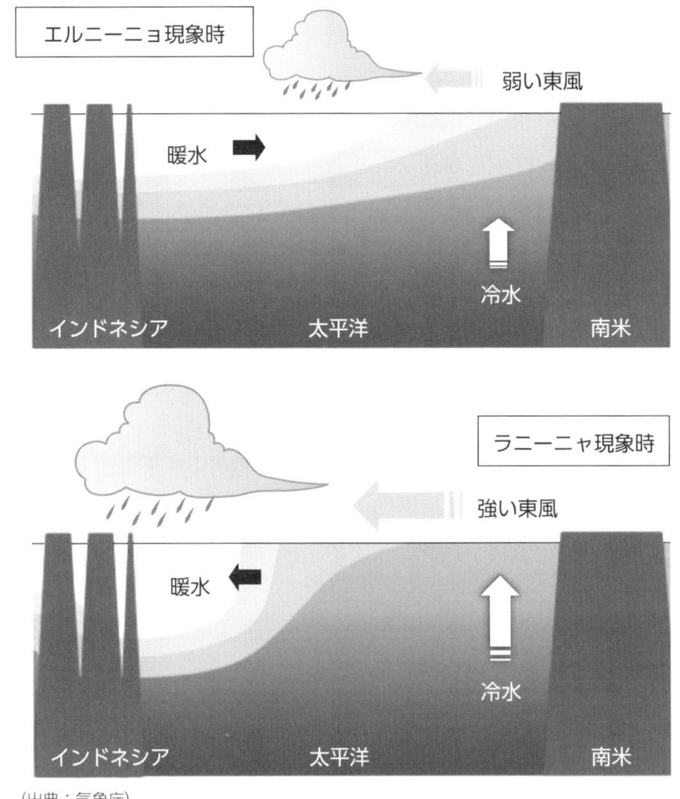

図5.7　エルニーニョ・ラニーニャに伴う大気と海洋の変動

るように、日本を含め世界中の異常気象の要因になり得ると考えられます。

▶ **長期的な温暖化傾向**

コロナ禍による経済停滞もありましたが気温上昇は続いており、WMOによると2022年までの10年間の平均気温も産業革命前と比較して1.14℃(1.02〜1.27℃の範囲）で上回っています。これは、IPCC報告（AR6）で示された2011年から2020年までの1.09℃上昇を上回る長期の温暖化傾向を示しています。

▶ **劇的な気象災害**

WMOのペッテリ・ターラス事務局長は「2022年も我々はいくつかの劇的な気象災害に直面し、多くの命と人々の生活が奪われ、健康、食料、エネルギー、水の安全保障とインフラを損ないました」と述べ、国土の約1/3が浸水したとされるパキスタンなどの洪水、中国、欧州、南北アメリカ、アフリカで観測された記録破りの熱波や干ばつに言及しました。大雨によるパキスタン洪水は、2022年10月時点で、1,700人以上が死亡し、約210万棟が損壊しています。このような異常気象や気候変動に関するIPCC第6次評価報告を次に解説します。

◆ IPCCは気候変動について科学的見解を各国政策担当者に提供
◆ エルニーニョなどの影響が日本含む世界の気象に影響
◆ 温暖化と異常気象（熱波や干ばつ、大雨による洪水など）の発生

5.5 IPCC報告WG1自然科学的根拠の概要と解説

IPCCは、気候変動に関して科学技術および社会経済的な見地から包括的な評価を行い、定期的に報告書を公表しています。最新のものは「第6次評価報告書（AR6）」と呼ばれ、次のような報告で構成されています。

- 1.5℃特別報告書…2018年10月公開
- 土地関係特別報告書…2019年8月公開
- 海洋・雪氷圏特別報告書…2019年9月公開
- 第1作業部会（WG1）：自然科学的根拠…2021年8月公開
- 第2作業部会（WG2）：影響・適応・脆弱性…2022年2月公開
- 第3作業部会（WG3）：気候変動の緩和…2022年4月公開
- 統合報告書…2023年3月公開

▶ 報告書AR6のハイライト

異常気象や気候変動は世界経済に影響し、各国の政策にも影響します。現在進行している地球温暖化は、人間活動の影響によって増加する温室効果ガス（GHG）が原因であることが第6次IPCC報告書でも言及され、IPCCは「産業革命以降、人間の影響が大気、海洋及び陸域を温暖化させてきたことには疑う余地がない」と断言しています。

ここからは、IPCC第6次評価報告書の第1作業部会報告書「自然科学的根拠」の政策決定者向け要約（SPM）について、わかりやすく意訳します。なお、見出しや要旨などはアレンジし、筆者独自のコメントや解説は［ ］内に記載し、報告書の括弧の注釈（確信度が高い）などは省略し「確信度が中程度」のものだけ表示します。詳細はIPCCおよび環境省・気象庁など政府のウェブサイト（日本語暫定訳2022年12月22日版以降）を参照いただきたいと思います。

（1）気候の現状

大気、海洋、雪氷圏、生物圏で広範囲かつ急速な変化がすでに顕在化しています。地球全体の気温の上昇は2011～2020年の平均で1.09℃、陸域がすでに平均1.59℃も上昇しました［5.3項の図5.4のとおり、過去数十万年も前例のないCO_2濃度の上昇が生じています。また、前述のとおり、産業革命前と比較して、2022年までの10年間の平均気温の上昇は1.14℃］。海面水位は直近120年で平均0.2m上昇し、その上昇ペースは1971年までの年1.3mmの約３倍に増加しています。

気候変動は、世界中で多くの気象や気候の極端な現象に影響を及ぼし、熱波、大雨、干ばつ、熱帯低気圧のような極端現象が起きています［降雨や灌漑水の不足で干ばつになり、農作物や果樹の生育が損なわれており、極端現象が長期に及ぶとより深刻な被害が生じます］。

1950年代以降、地球のほとんどの陸域で熱波などの極端な高温や大雨が増え、台風など自然災害の威力が大きくなりました。土地の蒸発散量が増加し、一部の地域で農業および生態学的な干ばつが増加しています［蒸発散とは、土壌など地面からの蒸発と植物体からの水の蒸散によって地球表面から大気中に水蒸気が放出される現象です］。

（2）将来ありうる気候

IPCCの複数排出シナリオによると、今世紀半ばまでに世界の平均気温は上昇を続け、大気中のGHGの累積する濃度に比例して気温が上がります［2023年の世界のGHGの排出量は、IPCCが示したシナリオのうち、気温がもっとも高くなる危険なシナリオに近い状況です。**図5.8**に記載された1.9や2.6、4.5、8.5などの単位は1 m^2当たりのワット数で、GHGが地球温暖化を引き起こす効果を表す「放射強制力」です］。

抜本的な改善がない限り、GHG排出が非常に高いシナリオになり、今世紀末ごろの世界の平均気温は、3.3～5.7℃も高くなる可能性があります。地球温暖化の進行で、極端な高温、海洋熱波、大雨、農業に被害を及ぼす干ばつの頻度と強度が増加します。強い熱帯低気圧［風速が34ノット以上になると台風］の割合も増し、北極域の海氷や積雪、永久凍土は溶けて減少します。

GHGの排出による海洋や氷床、世界の海面水位の変化は、数百年から数

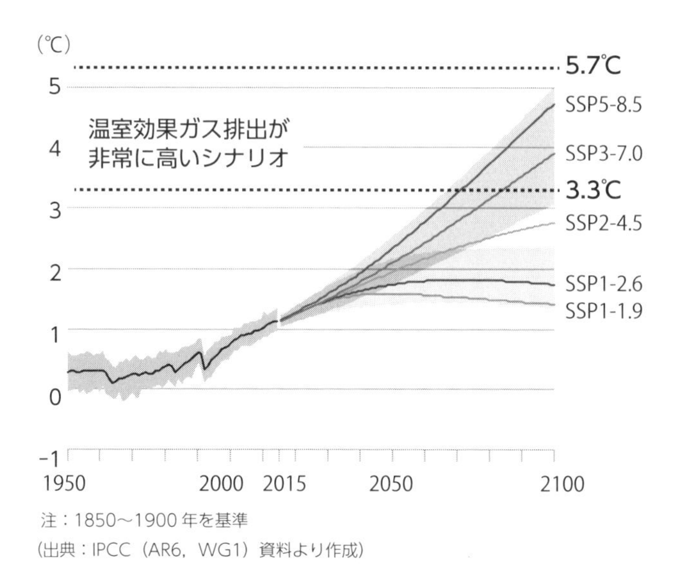

図5.8　世界平均気温の変化

千年の間、元に戻りません。陸地の氷河は数十年から数世紀にわたって融解を続けます。21世紀中、グリーンランドの氷床の消失が続くことはほぼ確実で、南極氷床についても融解する可能性が高いとIPCCは報告しています［専門誌「ネイチャー・クライメート・チェンジ」（2022年8月29日）掲載のデンマークGEUSの研究では、GHG排出をすべて止めても、グリーンランドの氷が解け、少なくとも25cmの海面上昇を予測］。

21世紀にわたって、雪氷の融解により世界平均海面水位がほぼ確実に上昇し続けます。GHG排出が非常に高いシナリオで南極氷床は崩壊し、海面水位が2100年までに2m、2150年までに5mに近づく可能性も排除できません。

(3) リスク評価と地域適応のための気候情報

太陽や火山の活動変化で10年単位の気温変動が生じますが、100年単位の地球温暖化にはほとんど影響しません。地域規模で起こりうる変化に対して各国政府が計画を立てる際には、10年単位の変化も考慮することが重要です。地球温暖化にともなって、熱波と干ばつなど複数の場所で同時発生する確率が高まると予想されます。

(4) 将来の気候変動の抑制

地球温暖化を抑えるにはCO_2の累積排出量を制限し、少なくともCO_2のゼロ排出を達成し、ほかのGHG［メタンやハロカーボンなど］も大幅に削減する必要があります。1850～2019年のCO_2排出量は累計2,390 Gt（ギガトン、10億トン）に達しました。気温上昇を1.5℃に抑えるために残されたCO_2の排出量は400 Gtの可能性が高いです。

CO_2排出の削減に加え、GHGの一種であるメタンを迅速に排出削減すれば温暖化を阻止でき、大気汚染も改善できます。

GHG排出量の少ないシナリオが実現できたとき、地球の平均気温の変化は20年以内に現れ始めます［対策を実施しても即効はなく、効果が表れるのは20年以内とかなり先になりそうです］。

(5) 疑う余地がない温暖化

今回の報告で断言したとおり、**人間の影響が大気、海洋および陸域を温暖化させてきたことには疑う余地がありません**。しかも、**人間の影響は、少なくとも過去2000年間に前例のない速度で、気候を温暖化させてきました**。

1970年以降、陸域の生物圏の変化は地球温暖化に連動しており、両半球では気候帯が極方向に移動しています［北海道でも30℃を超える猛暑日が増加し春や夏に雨が多くなっています］。

少なくとも今世紀半ばまでは、平均気温は上昇を続けます。向こう数十年の間に**CO_2や他のGHGの排出が大幅に減少しない限り、21世紀中に、地球温暖化は1.5℃および2℃を超えます**［都会では都市化やヒートアイランド現象もあり、年平均気温の上昇率（℃/100年）は、東京で3.3℃、大阪で2.6℃、名古屋で2.9℃と、すでに高い気温上昇が起きています（気象庁、都市化率と平均気温等の長期変化傾向2022/7/6)］。

図5.9は1890～1900年を基準とした世界平均気温の変化です［産業革命以前の気温は1890～1900年の平均気温とほぼ一致します］。左図aは、世界平均気温の変化および最近の観測による気温変化を示し、右端の黒色実線は1850～2020年の観測値です。また、右図bの黒線は、過去170年間に観測された世界平均気温の変化です。1850～1900年の値を基準として、気候モデルによるシミュレーションで推定した人為起源と自然起源の両方の駆動要因を考慮した推定値は中間に位置する線、自然起源の駆動要因のみを

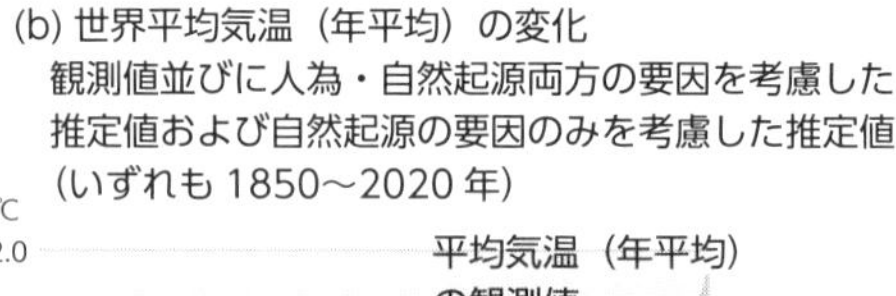

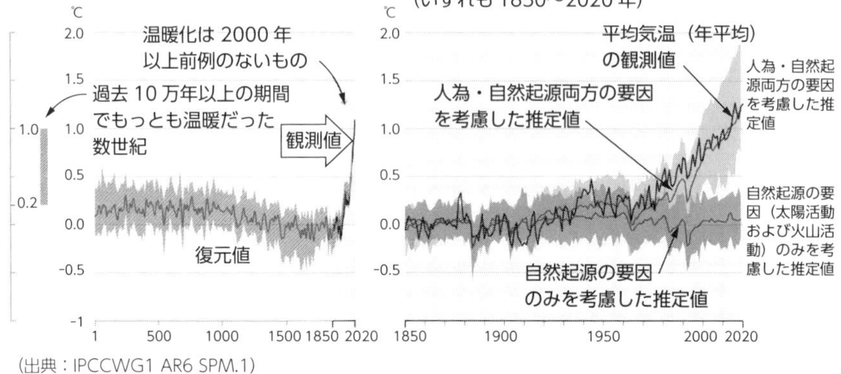

(出典：IPCCWG1 AR6 SPM.1)

図5.9　1850～1900年を基準とした世界平均気温の変化

考慮した気温変化は下部の線で示しています［GHGの排出が大幅に減少または実質マイナスにならない限り、21世紀中に2℃は確実に超える状況です。ただし、2050年ごろまでにGHG排出を実質ゼロにし、大規模な植林とCO_2回収が実現できれば、一時的に1.5℃を超えても、気温上昇幅は今世紀末に縮小する可能性があることをIPCC報告書が示唆しています］。

観測された昇温は人間活動による排出により引き起こされて、GHGによる昇温はエーロゾルによる降温で部分的に軽減されます。

▶ 陸域1.59℃の気温上昇とエーロゾル冷却効果

CO_2が陸域と海洋で吸収される割合は、累積CO_2排出量の増加に伴い減少し、結果として、排出されたCO_2が大気中に残留する割合が高くなると予測されます［自然のCO_2吸収力が限界にきていることを示唆しています］。今世紀中に大気中のCO_2濃度を一定に保つ排出が中程度のシナリオ（図5.8のSSP2-4.5）では、陸域と海洋によるCO_2吸収率は21世紀後半には減少すると予測されています［森林伐採や干ばつ、砂漠化によって光合成をする生物活動が総体として弱体化する可能性もあります］。

気候変動はすでに、人間が居住する世界中のすべての地域において影響を及ぼしており、人間の影響は、観測された気象や気候の極端現象の多くの変化に寄与しています。極端な高温の変化は世界41地域で増加が観測され、減少した地域はゼロでした。

一方、10年間（2011～2020年）の昇温は、海上の0.88℃よりも陸域の1.59℃の方が大きい結果でした［海洋はあたたまりにくく冷めにくい性質があるので、海の面積が多い南半球は温暖化がおだやかです］。

観測された昇温は人間活動による排出により引き起こされていますが、GHGによる昇温の一部はエーロゾルによる冷却効果で部分的に抑制されます。冷却に寄与した人為起源エーロゾルは主に二酸化硫黄であり、有機炭素やアンモニアも含まれます［大気の酸素や窒素には温室効果機能がまったくありませんが、排煙や排ガス起源のエーロゾルが冷却機能を持っていることは興味深いです。なお、エーロゾルは、空気中に浮遊するちりなどの固体や液体の微粒子です］。

▶ 降水量と氷河の変化

世界全体の陸域における平均降水量は、1950年以降増加している可能性が高く、1980年代以降はその増加率が加速しています（確信度が中程度）。大雨が増加した地域を**図5.10**に示します。増加地域は19で減少はゼロです。増加の六角形は観測された大雨の増加の確信度が中程度以上の地域です。

人間の影響は、1990年代以降の世界的な氷河の後退と、1979～1988年と2010～2019年との間の北極域の海氷面積の減少の、主要な駆動要因である可能性が非常に高く、また過去20年間において、グリーンランド氷床の表面融解に寄与した可能性も非常に高いです［グリーンランド最高峰でも2021年に初めて雨が降り、降雨の影響で氷床の融解が促進］。

▶ 海洋の酸性化

世界全体の海洋が1970年代以降昇温していることはほぼ確実で、人間の影響が主要な駆動要因である可能性がきわめて高いです。人為的なCO_2の排出が、現在進行している外洋域表層海水の世界的な酸性化の主要な駆動要因であることもほぼ確実です。

外洋表層のpHは過去5,000万年にわたり長期的に上昇し続けており、最近数十年間のような外洋表層の低いpHは、直近の200万年でも異常な現象です（確信度が中程度）［CO_2（炭酸）によって海水が酸性化すると貝やサ

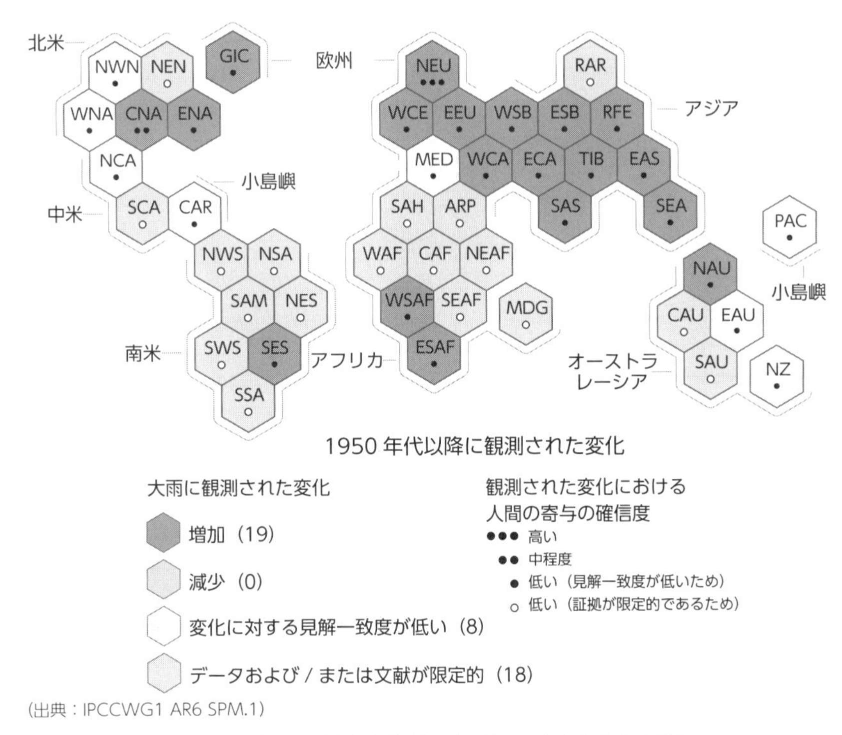

(出典：IPCCWG1 AR6 SPM.1)

図5.10　世界の地域で観測された大雨の変化と人間の寄与

ンゴ、有孔虫などが殻を作れなくなり、プランクトンにも悪影響が生じる、といったおそれが懸念されています]。

▶ 海洋の水位上昇

世界平均海面水位は、1900年以降、少なくとも過去3,000年間のどの100年よりも急速に上昇しています。世界全体の海洋は、最終氷期の終末期より、過去100年間の方が急速に昇温しています（確信度が中程度）。少なくとも1971年以降に観測された世界平均海面水位の上昇の主要な駆動要因は、人間の影響であった可能性が非常に高いです。

▶ 過去200万年でもっとも高いCO_2濃度

気候システム全般にわたる最近の変化は、何世紀も何千年もの間、前例のなかったものです。2019年には大気中のCO_2濃度は、少なくとも過去

200万年間のどの時点よりも高く、CH_4およびN_2O［メタンおよび一酸化二窒素／亜酸化窒素］の濃度は、少なくとも過去80万年間のどの時点よりも高い状態です。世界の平均気温は、1970年以降、少なくとも過去2000年間にわたり、他のどの50年間にも経験したことのない速度で上昇しました。

▶ 北極域の海氷面積

北極域の年平均海氷面積は、2011～2020年に少なくとも1850年以降で最小規模になりました。晩夏の北極域の海氷面積は、少なくとも過去千年間のどの時期よりも小さいものでした（確信度が中程度）。1950年代以降、世界のほとんどすべての氷河が同調的に後退するという地球全体の氷河後退の特徴は、少なくとも過去2000年の間に前例がなかったものです（確信度が中程度）。

▶ 異常気象

人為起源の気候変動は、世界中のすべての地域で、多くの気象および気候の極端現象にすでに影響を及ぼしています。熱波、大雨、干ばつ、熱帯低気圧のような極端現象について観測された変化に関する証拠、および、とくにそれらの変化を人間の影響によるとする原因特定に関する証拠は、前回報告（AR5）以降、強化されています。

熱波を含む極端な高温が、1950年代以降、ほとんどの陸域で頻度および強度が増大してきた一方、極端な低温（寒波を含む）の頻度と厳しさが低下してきたことはほぼ確実です。海洋熱波の頻度は、1980年代以降ほぼ倍増しています。

大雨の頻度と強度は、変化傾向の解析に十分な観測データのある陸域のほとんどで、1950年代以降増加しています。人為起源の気候変動は、陸域の蒸発散量の増加により、一部の地域で農業干ばつおよび生態学的干ばつの増加に寄与しています（確信度が中程度）［慢性的干ばつが砂漠化の進行を促進させ、砂漠化は土地の炭素吸収能力を減少させて炭素放出を増やし、気候変動を促進します］。

南アジア、東アジアおよび西アフリカにおける、GHG排出を起源とする温暖化によるモンスーンの降水増加が想定されますが、20世紀におけるエーロゾルの人為排出により生じた冷却効果による降水の減少によって相殺されました［その後、温暖化がさらに進み冷却効果を凌駕する傾向もみられます］。

強い熱帯低気圧（カテゴリー3～5）の発生の割合は過去40年間で増加しており、北西太平洋の熱帯低気圧がその強度のピークに達する緯度が北に遷移している可能性が高いようです［日本でも強烈な台風や大雨、線状降水帯が列島を襲っています］。

▶ 極端現象の発生

人間の影響は、1950年以降、複合的な極端現象の発生確率を高めている可能性が高いです。例として、熱波と干ばつの同時発生、複合的な洪水（極端な降雨による河川増水と高潮の組み合わせ）、複合的な火災の発生しやすい気象条件（高温で乾燥、風の強い状態）や異なる地点での極端現象の同時発生も挙げられます。

もっとも暑い日々の気温上昇は、いくつかの中緯度および半乾燥地域ならびに南米モンスーン地域においてもっとも大きくなると予測され、その速度は地球温暖化の約1.5～2倍になります。

地球温暖化の進行に伴い、大雨は多くの地域で強く、より頻繁になる可能性が非常に高いです。非常に強い熱帯低気圧（カテゴリー4～5）の割合は、地球規模では、地球温暖化の進行に伴い増加すると予測されます。

▶ 永久凍土の融解および北極域の海氷消失

温暖化の進行は、永久凍土の融解ならびに季節的な積雪、陸氷および北極域の海氷の消失をさらに拡大すると予測されます。北極域では、2050年までに少なくとも1回、9月に実質的に海氷のない状態となる可能性が高く、その発生頻度は温暖化の水準が高まるほど高くなります［北極沿岸の永久凍土、ツンドラが溶解しメタンなどGHGが大量に発生する可能性も指摘されています］。

1750年以降のGHG排出により、将来にわたって海水温の上昇が起きます。21世紀の残りの期間中の海水温の上昇幅は、1971～2018年の変化量の2～4倍（SSP1-2.6）から4～8倍（SSP5-8.5）の範囲である可能性が高いです。複数の証拠に基づけば、海洋表層の成層化、海洋酸性化、海洋貧酸素化は、将来の排出に応じた速度で、21世紀の間に進行し続けると考えられます。海水温の上昇、海洋深層の酸性化および貧酸素化（確信度が中程

度）は、数百年から数千年の時間スケールで発生し不可逆的です

▶山岳や極域の氷河

山岳や極域の氷河は、数十年または数百年にわたって融解し続けることが避けられません。永久凍土の融解にともなう永久凍土に含まれる炭素の放出は、数百年の時間スケールで不可逆的です。グリーンランド氷床は21世紀を通して減少し続けることがほぼ確実で、南極氷床も21世紀を通して減少し続ける可能性が高いです。

▶火山噴火

古気候と過去の証拠に基づくと、21世紀中に少なくとも1回の大規模な火山噴火が発生する可能性が高いです。このような爆発的な噴火は、とくに陸域で世界平均気温と降水量を1～3年間低下させ、地球規模のモンスーン循環を変化させ、極端な降水を変化させ、多くの影響駆動要因を変化させるでしょう（確信度が中程度）。したがって、そのような噴火が発生した場合、これは一時的かつ部分的に人為的な気候変動を緩和します［気候的な影響駆動要因とは、ハザードを拡張した概念で社会または生態系の要素に影響を与える物理的な気候システム状態（異常な現象、極端現象など）のことです］。

▶海面水位上昇と永久凍土の融解

気候システムの蓄熱は、陸域の氷の減少と海洋温暖化による熱膨張により、世界平均海面水位の上昇をもたらしました。1971～2018年に観測された海面水位上昇の50%が海洋の熱膨張で説明できます。その一方で、22%は氷河の減少、20%は氷床からの氷の消失、8%は陸域における貯水量の変化が寄与しています。

温暖化に対するさらなる生態系の応答のうち、気候モデルにいまだ十分に含まれていない、湿地、永久凍土の融解および森林火災からもCO_2とメタン（CH_4）が発生します。これらの気体はGHG濃度を一層増加させるでしょう。

▶ICPP報告書AR6のWG1「自然科学的根拠」を読んで

第6次の第1作業部会（WG1）「自然科学的根拠」を読んで、もっとも印象深いのは、過去の報告書と比較して「人間の影響が大気、海洋及び陸域を温暖化させてきたことには疑う余地がない」と断定したことです。平均気温

の1.06℃上昇のうち1.07℃が人為起源とされ、自然要因よりも人間活動による温暖化寄与が多くなっています（図5.9のb）。

短期間における太陽活動や火山など自然要因のみの影響であれば、昨今のような気温上昇は起きません。数千万年から数億年前、大気からCO_2を吸収して固定した植物由来の石炭がありますが、これら化石燃料が大量に燃やされ大気にCO_2が排出されています。これら化石燃料に加え、地球の表層（地殻）にあるサンゴなど海洋生物由来の石灰岩（炭酸塩鉱物）やバイオマスなどから、CO_2を大気に再放出させると理論的に金星や火星並みの大気になります。つまり、CO_2は大気中に90％以上占める高濃度になります。

産業革命期以前の過去40万年以上も大気中のCO_2濃度はほぼ280 ppm前後でしたが、人間活動によって420 ppmを超えようとしています。これは恐らく転換点（ティッピングポイント）の可能性、つまり非常に危険な状況で、地球システムの微妙なバランスが崩れ、強烈なパンデミックなど想定外の現象が生じる可能性は否定できません。すでに今までにないような熱波、大雨、干ばつ、熱帯低気圧などが発生してきて、世界中で気象および気候の極端現象が生じています。

この報告書でティッピングポイントという用語が何度も出てきますが、日本語訳脚注では「**転換点（ティッピングポイント）**とは、臨界的なしきい値のことで、それを超えると多くの場合、突然および不可逆的に、あるいは突然または不可逆的に、システムが変遷する」ことと解説しています。小さな変化でも想定外の大きな影響が生じることもあり得ます。類似例として、ある年の花粉シーズンが契機になって花粉症の症状が突然現れ、症状が永続するようなケースも該当すると思われます。

微妙な気象や気候の条件と生物多様性などの複雑な組み合わせによって、現在の水の惑星、地球に命が与えられていると感じます。地球規模の森林伐採や山火事、海洋汚染などで地球のバランスが崩れると、生命維持ができなくなります。地球の海洋は熱帯雨林と同じように、大気から余分な熱とCO_2などを吸収または排出して穏やかな気候の維持に貢献します。

気候システムにおける地表蓄熱の91％は、海洋の温暖化という形で転換されているようです。水温上昇で海水はCO_2の吸収ができなくなるおそれもあります。しかも海水の酸性化で、近い将来には海洋生物（サンゴ虫や有孔虫、貝類）が殻をつくれなくなる可能性さえ指摘されています。

飛行機の離着陸ができないほど視界が悪かった中国やインドでは大気汚染が深刻でした。大気中のCO_2や硫黄酸化物、硫酸などが増加して雨に溶けるため、雨水のpHは約4.8といった酸性を示します。とくに降り始めの雨のpHは酸性の傾向が強いようです。一方、海水のpHは８程度の弱アルカリ性から徐々に酸性化傾向を示しています。大気のCO_2が海水に溶け、酸性雨が長期にわたり大量に流れ込めば、ティッピングポイントを超えて海洋の生態系バランスが崩れ死の海になるかもしれません。すでに多くの種が絶滅して地球上から消えています。

異常気象や気候変動が世界中で叫ばれる現在、排水を発生させる企業や事業所でも水温や水質など周辺環境をモニタリングして環境状況を自主的に確認し、認識することも無駄ではないと考えます。

本項は、「IPCC第６次評価報告書第１作業部会報告書 政策決定者向け要約 暫定訳（文部科学省及び気象庁）」を基に執筆しました。

◆ 2022年までの８年間は年平均気温が記録史上でもっとも高い期間
◆ 21世紀中に地球の平均気温は２℃を超え限界に達する可能性
◆ CO_2正味ゼロ排出を達成し、他のGHG排出量も削減する必要あり

5.6 IPCC報告WG2「気候変動の適応」の概要と解説

気候変動が進行中であり、地球温暖化の傾向はしばらく止まりません。そうすると緩和や適応が必要になります。「温暖化の緩和」とは、再エネの導入や省エネ対策による温室効果ガス（GHG）の排出削減、植林などによるCO_2吸収源の増加などです。GHGの排出を抑制して気候変動を防止する取り組みを緩和といいます。「温暖化の適応」とは、顕在している異常気象や今後発生する気候変動の影響を最小限に抑え、逆に気候の変化をチャンスとして利用する取り組みをいいます。

ここでは「適応」について具体的に考えていきます。東京や大阪、名古屋などには浸水しやすい低地やゼロメートル地帯があり、海水位の上昇や洪水で堤防が決壊すれば数百万人が被害を受けます。適応策の一例として、土堰堤（えんてい）を強固な構造にして、より高い堤防に改善するなどが検討できます（**写真5.1**）。そして、住民にはハザードマップを提供し安全に避難できるよう情報提供します。最悪、集団移転ということも必要になるかもしれません。

農業分野では自治体レベル含め、適応策がすでに着手されています。高温障害でコメの品質に劣化がみられ、リンゴ・ブドウの着色不良や果実の日焼け障害も発生しています。1つの対策として、様々な品種改良が各地で進んでいます。より温暖な気候をチャンス（よい機会）として、亜熱帯作物の栽培も開始されています。マンゴーやパイナップル、パパイアなども日本で生産されています。北海道でブドウが栽培されていますが、耐寒性の強いドイツ系品種からより暖かい気候に適したフランス系の品種も育てられるようになりました。今後も温暖化が進めば、次は南仏やスペイン種……と、段階的に育てる品種を変えることができるかもしれません。

▶ IPCC第6次評価

適応策を立案する場合には、地球レベルの動向を読み誤るとせっかくの施策が中長期的に無駄な「座礁資産」になってしまう可能性もあり、他の利害関係者の適応策の妨げになるおそれさえあります。長期的視点で立案する必要があり、将来の変化に応じた継続的な見直しや改善をして、広範囲の影響も常に考慮しなければなりません。費用対効果や適応策の限界も見極めることが重要です。

写真5.1　適応の事例 豪雨による洪水に備え堰堤整備

横浜市で2014年に開催された過去のIPCC（第２作業部会）では、それまで観測された温暖化の影響と将来の影響や脆弱（ぜいじゃく）性について地域ごと、分野別に評価されました。異常な熱波や干ばつ、洪水、台風、山火事など、近年の気象と気候の極端現象は、生態系や人類に対して著しい影響や脆弱性を与えました。その傾向は2023年以降も大きく変わらず、地球規模で自然生態系および人間社会に次のような広範な影響を与えると思われます。

- 水量や水質含む水資源への影響［水不足］
- 陸域、淡水、海洋生物の生息域の変化など［漁獲は過去30年で約1/3］
- 農作物への影響［気温上昇でコメの品質が低下、栽培適地が北上など］

▶ IPCC第６次評価報告書WG2

ここからIPCC第６次評価報告書WG2の解説に入ります。2022年２月公開のAR6 WG2「政策決定者向け要約」はかなり抽象的なので、大雑把に意訳してわかりやすく解説します。WG2の骨子は次のB～Dです。筆者コメントや解説は［　］で囲んだ部分です。

B：観測された影響および予測されるリスク

C：適応策と可能にする条件

D：気候にレジリエントな開発

（1）はじめに

IPCC第６次評価報告書（AR6）は、気候や生態系・生物多様性に加え、社会科学や経済学などの知識も統合しています。IPCCはレジリエントな開発のために、緩和と適応をともに実施するプロセスが必要と強調しています。

気候変動はすでに広範囲に顕在化して、その影響は生態系と人間社会に生じています。人為起源の気候変動で、温暖化など適応能力を超える圧力や不可逆的な影響を受ける対象は、水不足と食料生産（農畜産物と漁獲)、感染症や熱射病など健康、洪水や暴風雨による都市やインフラなど多様です。

温暖化を1.5℃に抑えても、損失と損害をすべてなくすことはできません。気候変動リスクを低減させる選択肢はありますが限界もあり、すでに失敗している例もあります。今後は、政策、知識、財政など、包括的な取り組みが必要になります。**気候にレジリエントな開発や土地利用が求められ、GHG排出量の急速な削減**がなければ、適応の実現可能性は限定的となります。

(2) 観測された影響及び予測されるリスク

B.1 人為起源の気候変動は、[熱波や干ばつ、大雨など] 極端現象の発生頻度と強度が増加し、自然と人間社会に対して、広範囲にわたる悪影響（損失と損害）を与えています。開発と適応の努力の中には、脆弱性を低減させるものもあります。複数の部門や地域にわたり、[貧困層や高齢者・乳幼児など] もっとも脆弱な人々が不均衡に影響を受けていると見受けられます。気象と気候の極端現象の増加により、自然と人間のシステムは適応能力を超える圧力を受け、それに伴っていくつかの不可逆的な影響も出ています。

B.2 気候変動に関する脆弱性は、持続可能ではない土地の利用など地域により大幅に異なります。脆弱性の違いは、互いに交わる社会経済的開発の形態、持続可能ではない海の利用と土地の利用、不衡平、周縁化、植民地化などの歴史的および現在進行中の不衡平の形態、ならびにガバナンスによって生じます。約33億～36億人が気候変動に対して非常に脆弱な状況下で生活しています。

生物種の大部分が気候変動に対して脆弱であり、人間および生態系の脆弱性は相互に依存しています。現在の持続可能ではない開発によって、生態系および人々の気候ハザード [損害や損失の原因] が増大しています。

B.3 短期間で平均気温は1.5℃に到達しつつあり、気候ハザードが増えることで、生態系および人間に対して複数のリスクをもたらします。リスクの水準は、脆弱性や適応状況などに左右されます。地球温暖化を1.5℃付近に抑える短期的な対策は、気候変動による損失と損害を大幅に低減させますが、それらすべてをなくすことはできません。

B.4　2040年より先、地球温暖化の程度により、気候変動は自然と人間のシステムに数多くのリスクをもたらします。127の主要なリスクが特定されており、それらについて評価された中長期的な影響は、現在観測されている影響の数倍の大きさになります［例えば、100年確率の沿岸洪水に潜在的にさらされる人口は温暖化で大きく増加します］。気候変動の規模と速度、および関連するリスクは、短期的な緩和や適応の行動に強く依存し、［早く手を打たないと］予測される悪影響と関連する損失と損害は、地球温暖化が進むたびに拡大していきます。

B.5　気候変動の影響とリスクは一層複雑化しており、コントロールがさらに困難になっています［例として、海面水位上昇は、高潮および大雨が組み合わさり、複合的な洪水リスクを増大させます］。複数の気候ハザードが同時に発生し、気候リスクと非気候リスクが相互に複雑に作用し、その結果、リスクが複合化して異なるセクターや地域間でリスクの連鎖も生じます。気候変動に対する対応の中には、新たな影響とリスクをもたらすものもあります［対応を誤ると2次的な悪影響が生じます］。

B.6　地球温暖化が、将来一時的に1.5℃を超える場合（オーバーシュート）、1.5℃以下に留まる場合と比べて、多くの人間と自然のシステムが深刻なリスクに直面します。オーバーシュートの規模および期間に応じて、一部の影響はさらなるGHGの排出を引き起こし（確信度が中程度）、一部の影響は地球温暖化が低減されたとしても不可逆的となります［大規模な森林火災、樹木の大量枯死、泥炭地の乾燥、永久凍土の融解、陸域の炭素吸収源の弱体化などは復元が困難です］。

（3）適応策と可能にする条件

C.1　適応の計画および実施の進捗は、すべての部門および地域にわたって観察され、複数の便益を生み出します。しかし、適応の進捗は不均衡に分布しているとともに、適応ギャップが観察されています。多くのイニシアチブは、即時的かつ短期的な気候リスクの低減を優先しており、その結果、変革的な適応の機会を減らしています［目先の温暖化対策は変革的な適応の機会をなくします］。

C.2　人や自然へのリスクを軽減できる、実行可能な適応オプションが41、および効果的な適応オプションが42あります。その実現可能性は、セクターや地域によって異なります。気候リスクに対する適応の有効性は、温暖化が進んでしまうと低下します。社会的不公平に対処し、気候リスクに基づいて対応し、システム全体にわたる統合された解決策は、適応の実現可能性と有効性を高めます［上記の適応オプションには、品種改良や都市農業、沿岸防護などが報告書に記載され、**表5.3、5.4**のような参考になるリストもあります。なお、上記C.2は英文を意訳して再要約しました］。

表5.3は、気候応答と適応オプションの潜在的な実行可能性を算出するために使用される実行可能性の側面（経済的、技術的、制度的、社会的、環境的、地球物理学的）とともに、それらの緩和との相乗効果を示しています。潜在的な実行可能性と実行可能性の側面について、「高い」「中程度」「低い」の実行可能性の水準を図示し、緩和との相乗効果の程度も示しています。

表5.4は、気候応答と適応オプションを、システム移行と代表的な主要リスクによって整理して、SDGsとの関係についても評価したものです。気候応答と適応オプションは、生態系と生態系サービス、民族集団、ジェンダー平等、および低所得集団にとっての観察された便益（+）、またはこれらのシステムや集団にとっての観察された不利益（−）について評価しています。例えば、地域間の違いに基づいて、科学的文献によって便益や不利益の証拠が大きく乖離（かいり）する場合、「不明確または混在している」（•）と表示。SDGsとの関係は、気候応答と適応オプションの影響に基づいて、便益（+）、不利益（-）、または不明確または混在している（•）と評価しています。

C.3　人間社会の適応には限界に達しているものもあります。しかし財政面、ガバナンス、制度設計および政策で克服することができます。一部の生態系はすでに限界に達していますが、地球温暖化の進行に伴い、損失と損害が増加し、さらに多くの人間と自然のシステムが適応の限界に達するでしょう［今後も適応が導入できないような限界に達するケースがあり得ます］。

C.4　第5次評価報告書（AR5）以降、多くの部門（セクター）や地域にお

表5.3　気候変動に対応する適応オプション/選択肢（Figure SPM.4: a）

システム移行	代表的な主要リスク	気候応答[1]と適応の選択肢	潜在的な実現可能性	緩和との相乗効果	潜在的な実現可能性の側面					
					経済的	技術的	制度的	社会的	環境的	地球物理学的
陸域と海洋の生態系	沿岸域の社会生態的システム	• 沿岸防護とハード対策	●	評価なし	●	●	●	●	●	●
		• 統合沿岸域管理	●	●	●	●	●	●	●	●
	陸域と海洋の生態系サービス	• 森林ベースの適応[2]	●	●	●	●	●	●	●	●
		• 持続可能な養殖業と漁業	●	●	●	●	●	●	●	●
		• アグロフォレストリー	●	●	●	●	●	●	●	●
		• 生物多様性管理と生態系の接続性	●	●	●	●	●	●	●	●
	水の安全保障	• 水利用効率と水資源管理	●	●	●	●	●	●	●	●
	食料安全保障	• 農地管理の改善	●	●	●	●	●	●	●	●
		• 効率的な家畜システム	●	●	●	●	●	●	●	●
都市システム及びインフラシステム	重要なインフラ、ネットワーク、及びサービス	• グリーン・インフラと生態系サービス	●	●	●	●	●	●	●	●
		• 持続可能な土地利用と都市計画	●	●	●	●	●	●	●	●
		• 持続可能な都市の水管理	●	●	●	●	●	●	●	●
エネルギーシステム	水の安全保障	• 水利用効率と向上	●	●	●	●	●	／	●	●
	重要なインフラ、ネットワーク、及びサービス	• レジリエントな電力システム	●	●	●	●	●	●	●	該当せず
		• エネルギーの信頼性	●	●	●	●	●	●	●	該当せず
部門横断的	人間の健康	• 健康と医療システムの適応	●	●	●	●	●	●	●	／
	生活水準と衡平性	• 生計の多様化	●	●	●	●	●	●	●	●
	平和と人間の移動性	• 計画された移転と再居住	●	●	●	●	●	●	●	●
		• 人間の移住[3]	●	●	●	●	●	●	●	●
	その他の横断的リスク	• 災害リスク管理	●	●	●	●	●	●	●	●
		• 早期警戒システムを含む気候サービス	●	／	●	●	●	●	●	●
		• 社会的セーフティネット	●	●	●	●	●	●	●	●
		• リスクの拡散と共有	●	●	●	●	●	●	●	●

実現可能性の水準と緩和との相乗効果
◯ 高い
○ 中程度
○ 低い
／ 証拠が不十分

潜在的な実現可能性の側面

潜在的な実現可能性及び緩和との相乗効果における**確信度**
■ 高い
■ 中程度
■ 低い

脚注：
1. 避難などの一部の「対応」は適応と見なされる場合と見なされない場合があるため、ここでは適応の代わりに「対応」という用語を用いる。
2. 持続可能な森林経営、森林保全と森林回復、再植林と新規植林を含む。
3. 移住は、自発的で安全かつ秩序がある場合、気候・非気候ストレス要因へのリスクを減らすことができる。

表5.4　気候応答と適応オプションはSDGsにもプラス効果（Figure SPM.4: b）

システム移行	気候応答[1]と適応の選択肢	リスクに曝されている部門・集団との観測された関係				持続可能な開発目標との関係[4,5]																
		生態系と生態系サービス	民族集団	ジェンダー平等	低所得集団	1	2	3	4	5	6	7	8	9	10	11	12	13	14	15	16	17
陸域と海洋の生態系	• 沿岸防護とハード対策	−	/	−	−			+						+	−	·		■	·	·		
	• 統合沿岸域管理	·	/	·	/	+		+	+	+			+			+		■	+	+	+	+
	• 森林ベースの適応[2]	評価なし				+	·	+		+	+	+	+	+	+	+	+	■		+		
	• 持続可能な養殖業と漁業	+	+	+	+	+	+	+		+	+		+	+	+	+	+	■	+	+		
	• アグロフォレストリー	評価なし				+	+	+		+	+	+	+		+	+	+	■		+		+
	• 生物多様性管理と生態系の接続性	+	/	/	−			+			+					+	+	■		+		
	• 水利用効率と水資源管理	+	·	·	·			+		·	+	·			·	+	+	■		+	·	
	• 農地管理の改善	+	+	+	+	+	+	+		+	+	+	+	+	·		+	■		+	+	+
	• 効率的な家畜システム	評価なし				+	+	+		·			+	+			+	■		+		
都市システム及びインフラシステム	• グリーンインフラと生態系サービス	+	/	+	+			+			+		+	+	+	+	+	■				
	• 持続可能な土地利用と都市計画	+	·	·	·			+			+		+	+	+	+		■				
	• 持続可能な都市の水管理	評価なし						+			+		+	+	+	+		■				
エネルギーシステム	• 水利用効率と向上	+	/	·	·	+	+	+	+	+	+	+			+			■		+		
	• レジリエントな電力システム	評価なし				+	+	+	+	+	+	+			+			■				
	• エネルギーの信頼性	評価なし				+	+	+	+	+	+	+			+			■				
部門横断的	• 健康と医療システムの適応	·	·	+	+	+	+	+	+	+	+	+	+		+	+	+	■	+	+	+	+
	• 生計の多様化	+	/	·	·	+	+	+	+	·	·	·	·	·	−	−	·	■		·		
	• 計画された移転と再居住	+	·	·	·													■			·	
	• 人間の移住[3]	+	·	·	·	·	·	·	+	·			+		·	·		■			·	
	• 災害リスク管理	評価なし				+	+	+	+	·	+			·	+	+		■			+	
	• 早期警戒システムを含む気候サービス	+	/	−	+	+	+	+		·				·	·	+		■		+	+	+
	• 社会的セーフティネット	·	+	+	+	+	+	+	+				+		+	+		■				
	• リスクの拡散と共有	−	−	·	·	+	+	+					·	+			·	■		·		

関係の種類
+便益を伴う
−不利益を伴う
・不明確もしくは混在している
/証拠が不十分

リスクに晒曝されている部門・集団との関係の種類に関する確信度
■高い
■中程度
■低い

関連する持続可能な開発目標
1. 貧困をなくそう
2. 飢餓をゼロに
3. すべての人に健康と福祉を
4. 質の高い教育をみんなに
5. ジェンダー平等を実現しよう
6. 安全な水とトイレを世界中に
7. エネルギーをみんなにそしてクリーンに
8. 働きがいも経済成長も
9. 産業と技術革新の基盤をつくろう
10. 人や国の不平等をなくそう
11. 住み続けられるまちづくりを
12. つくる責任つかう責任
13. 気候変動に具体的な対策を
14. 海の豊かさを守ろう
15. 陸の豊かさも守ろう
16. 平和と公正をすべての人に
17. パートナーシップで目標を達成しよう

脚注
1. 避難などの一部の「対応」は適応と見なされる場合と見なされない場合があるため、ここでは適応の代わりに「対応」という用語を用いる。
2. 持続可能な森林経営、森林保全と森林回復。再植林と新規植林を含む、
3. 移住は、自発的で安全かつ秩序がある場合、気候・非気候ストレス要因へのリスクを減らすことができる。
4. 持続可能な開発目標(SDGs)は統合されており、分割することはできない。いずれかの目標を単独で達成しようとすると、他のSDGsとの相乗効果やトレードオフが引き起こされるかもしれない。
5. 短期的かつ地球規模で1.5℃以下の地球温暖化に資する。

いて、適応の失敗が増えています。失敗につながる対応は、変更が困難かつ高コストになり、既存の不平等を増幅させ、脆弱性、曝露およびリスクを固定化（ロックイン）します。適応策を、柔軟に、部門横断的に、包摂的［1人も残さず全員］に、長期的に計画し実施することで失敗を回避できます。

C.5　適応を実施し、加速し、継続することが重要です。これらに必要なものは、政治的コミットメントとその遂行、制度的枠組み、明確な目標と優先事項を掲げた政策と手段、影響と解決策に関する強化された知識、十分な財政的資源、モニタリングと評価、包摂的なガバナンスのプロセスです。

（4）気候にレジリエントな開発

［レジリエンスとは「強靭性（きょうじん）」です。危険な出来事や傾向、混乱に対処するための社会的、経済的、生態的な能力の意味もあります。一方、脆弱性は弱さの意味ですが、危害に対する感受性または適応能力の欠如など、「悪影響を受ける傾向または素因」と解釈されます。様々な概念および要素を網羅しています］。

D.1　観測された影響、予測リスク、脆弱性のレベルおよび適応の限界などから、世界中で気候にレジリエントな開発のための行動をとることが重要で、過去の評価に比べて緊急性が高まっています。包括的で、効果的かつ革新的な対応によって、持続可能な開発を進めるために、適応と緩和の相乗効果を活かしてトレードオフを低減することができます。

D.2　政府、市民社会および民間部門が、リスクの低減、衡平性および正義を優先する包摂的な開発を選択するときに、そして意思決定プロセス、ファイナンスおよび対策が複数のガバナンスのレベルにわたって統合されるときに、気候にレジリエントな開発が可能になります。

気候にレジリエントな開発は、国際協力によって、そしてすべてのレベルの行政がコミュニティ、市民社会、教育機関、科学機関およびその他の研究機関、報道機関、投資家、並びに企業と協働することによって促進されます。これらのパートナーシップは、それを可能にする政治的な指導力、制度、並びにファイナンスを含む資源、気候サービス、情報および意思決定支援ツールによって支援されるときにもっとも効果的です。

D.3　変化する都市形態と脆弱性の相互作用によって、気候変動に起因するリスクが、都市および居住地に生じる可能性があります。しかし、世界的な都市化の傾向は、短期的には、気候にレジリエントな開発を進める上で重要なチャンスも与えてくれます［世界人口の約11%、9億人が低海抜沿岸地域で暮らしています。海面水位上昇などによって浸水リスクの増大に直面しています。そこでインフラ整備などビジネス機会が増えると思われます］。

沿岸域は、気候にレジリエントな開発を進める上でとくに重要な役割を果たします［沿岸域の都市は、国家の経済や世界貿易のサプライチェーン、文化交流およびイノベーションの中心にあって、重要な役割を担い、気候にレジリエントな開発において重要な貢献を果たします］。

D.4　生物多様性および生態系の保護は、気候変動がもたらす脅威や、適応と緩和に鑑み、気候にレジリエントな開発に必須です［地球規模の生物多様性および生態系サービスの維持が必要になります］。

D.5　気候変動がすでに人間と自然のシステムを破壊していることは疑う余地がありません。過去および現在の開発動向（過去の排出、開発および気候変動）は、気候にレジリエントなものではありませんでした。次の10年間における社会の選択および実施される行動によって、中期長期的に実現される気候にレジリエントな開発が、どの程度強まるかあるいは弱まるかが決まります。

重要なのは、短期のうちに地球温暖化が1.5℃を超えた場合には、気候にレジリエントな開発の見込みがますます限定的になることです。

- ◆ 適応とは、気候変動による損害や被害の緩和や機会利用
- ◆ 農業分野では適応策が進んでいる
- ◆ 適応と緩和の相乗効果を活かしてトレードオフを低減する

5.7 IPCC報告WG3「気候変動の緩和」の概要と解説

地球温暖化の緩和策は温室効果ガス（GHG）の排出削減です。再生可能エネルギー（再エネ）の導入など脱炭素に向けた行動が各国の急務になっています。現在生じている異常気象（熱波や干ばつ、気温上昇など）と将来の気候変動による悪影響の両方を回避・軽減させる「適応」と、今回解説する「緩和」を同時に実施することで大きな効果が表れます。

緩和策の具体例として、太陽や風、地熱などを利用する再エネ、さらなる省エネの取り組みと低炭素化の工夫、CCSやCCUSの導入、植林などによるCO_2の吸収……などが挙げられます。化石燃料を消費する発電所や製鉄所などからはCO_2が大量に発生します。この大量のCO_2を大気に放出する前に回収して地中や深い海底などに貯留するCCS、もしくは分離・貯留したCO_2を有効利用もするCCUSは2℃目標に関しては不可欠な技術です。

CCUSは、Carbon dioxide Capture, Utilization and Storageの略です。例えばCO_2を巨大な温室に送って植物の光合成を促進させる、CO_2を古い油田に注入して採り残した原油を圧力で回収しつつCO_2を地中に貯留する、というCCUSも実施されています。

それでは、第6次評価報告書WG3の解説をします。WG3報告書の構成は、A：序と枠組み　B：最近の開発と現在のトレンド　C：地球温暖化抑制のためのシステム変革　D：緩和、適応、持続可能な開発の連携　E：対策の強化です。ここでは本文であるB～Eを説明します。筆者コメントや解説は［　］で囲んだ部分です。頭にあるB.4などは英語原文の番号です。

（1）最近の開発と現在のトレンド

B.4　2010年から2019年にかけて、太陽光発電やリチウムイオン電池の単価は85%も下落しました（**図5.11**）。脱炭素技術とイノベーションがコスト削減を可能にし、世界的な普及を支えてきました。

B.5　第5次評価報告書以降、**緩和に対処するための政策や法律が一貫して**

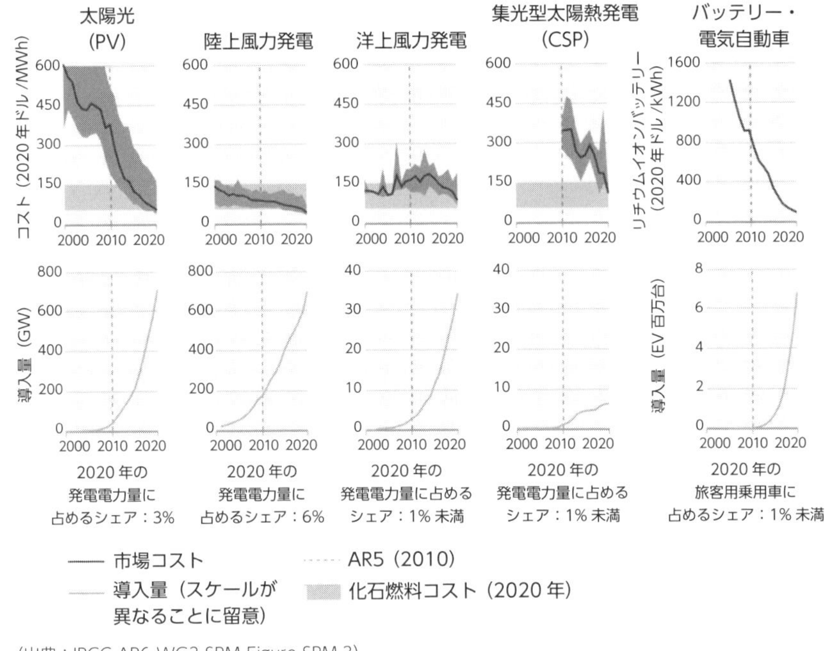

(出典：IPCC AR6 WG3 SPM Figure SPM.3)

図5.11　再エネ発電技術とバッテリー・BEVのコスト低減と普及（世界）

拡充し、低GHG技術やインフラへの投資が増加しています。

B.6　GHG削減のための各国の貢献（NDCs）が実施されても予測では1.5℃を超えます。**温暖化を2℃より低く抑える可能性を高くするためには、2030年以降の急速な緩和努力が必要**になります。

B.7　追加的な削減対策を行わない既存の化石燃料インフラおよび計画されている化石燃料インフラが、今後その耐用期間中に排出すると予測される累積CO_2排出量が課題になっています［脱炭素社会への移行期におけるGHGの大量排出が問題視されています。とくに、排出量の大きい火力発電と製鉄のグリーントランスフォーメーション（GX）が注目されています。GXは、2050年カーボンニュートラルの実現に向けた、企業の競争力を高めることも含む、経済社会システム全体の変革です］。

（2）地球温暖化抑制のためのシステム変革

C.1　急速かつ大幅なGHG排出削減が続いていますが、GHG排出量は2025年以降も増加すると予測されます［一方、C.2でも触れますが、努力目標の**1.5℃未満実現のためには、世界のGHG排出は、遅くとも2025年までにピークに達し、2030年までに4割削減（2019年比）し、2050年にCO_2を正味ゼロ排出にすることが必要**です。**これは相当困難**です］。

C.2　オーバーシュートしない、または限られたオーバーシュートを伴って温暖化を1.5℃（＞50％）に抑える進捗予測では、世界全体としてCO_2排出量正味ゼロ（ネットゼロCO_2）に2050年代前半に達します。一方、温暖化を2℃（＞67％）に抑える可能性が高い予測では、2070年代前半にネットゼロCO_2に達します［いずれも達成は困難で、各国の政策を眺めると、累積排出量が増加するので今世紀中に2℃を超す可能性は非常に高い状況といえます］。

2030年と2040年までにGHG排出量の大幅な削減、とくにメタン排出量の削減を行うことができれば、ピーク温度を引き下げることが可能となり、それとともに温暖化をオーバーシュートする可能性も低くなります。そして、今世紀後半に温暖化を逆転させる唯一の手段である「マイナス排出（正味負のCO_2排出）」に頼る可能性が低くなります。［なお、オーバーシュートとは、目標とする平均気温（1.5℃や2℃）を一時的に超えるシナリオで、最終的には目標を達成するとしても一時的に目標を超えた気温上昇やGHG排出があるので、将来的には、より急速かつ大量の排出削減が必要になります］。

C.3　オーバーシュートしない条件で（または限られたオーバーシュートを伴って）温暖化を目標の1.5℃（＞50％）、あるいは2℃（＞67％）に抑える進捗予測を達成するには、すべての部門で、急速かつ大幅に削減し、そしてほとんどの場合、即時にGHG排出量を削減する必要があります。

これら1.5℃や2℃の目標を達成する緩和戦略には、再生可能エネルギーへの転換、あるいはCO_2回収・貯留（CCS）併用の化石燃料利用のような超低炭素あるいは脱炭素エネルギー源への移行などがあり、CO_2除去（CDR）法の導入も不可欠になります［CDRには、植林、炭素貯留、直接回収、海洋利用などがあります。なおC.3節は原文意訳］。

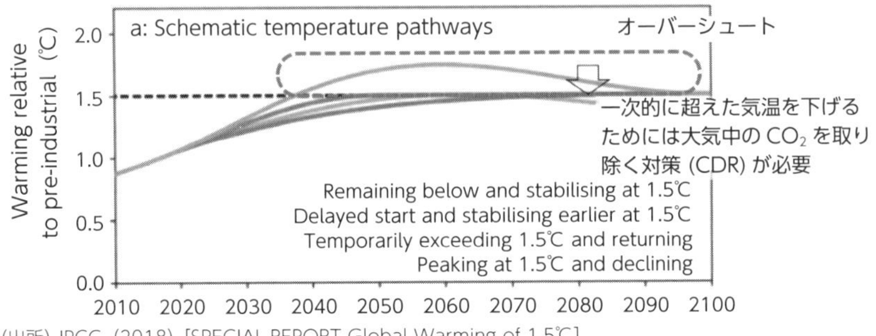

（出所）IPCC（2018）［SPECIAL REPORT Global Warming of 1.5℃］
（出典：「IPCC AR6 WG3解説サイト」国立環境研究所）

図5.12　オーバーシュートとは

C.4　エネルギー部門全体を通してGHG排出量を削減するには、化石燃料使用全般の大幅削減、低排出エネルギー源の導入、代替エネルギーキャリアへの転換、およびエネルギー効率と省エネなどの大規模転換を必要とします。排出削減策が講じられていない化石燃料インフラの継続的な設置は、高排出量を固定化（ロックイン）します［**エネルギー部門では、化石燃料の大幅削減、低排出エネルギー源の導入、電気・水素・バイオ燃料などの利用、燃費などエネルギー効率の向上、省エネなど**が求められています］。

C.5　産業部門由来の CO_2 排出を正味ゼロにすることは困難ですが、可能です。産業由来の排出量の削減には、削減技術や生産プロセスの革新的変化とともに、**需要管理、エネルギーと材料の効率化、循環型の物質フローを含むすべての緩和対策を促進するためのバリューチェーン全体での協調行動**を伴います。産業由来のGHGの正味ゼロ排出への推進は、**低炭素など低GHGおよびゼロGHG排出の電力、水素、燃料と炭素管理を用いた新しい生産プロセスの導入**により可能になります［この部分はIPCCの確信度も高く、産業界が強く求められている点です］。

C.6　都市部では、正味ゼロ排出に向かう低排出開発経路の中で、インフラと都市形態の体系的な移行を通して、資源効率を高めGHG排出量を大幅に削減することが可能です。野心的な緩和努力としては、①**エネルギーと物質の消費量の削減または消費（形態）の変更**、②**電化**、および③**都市環境にお**

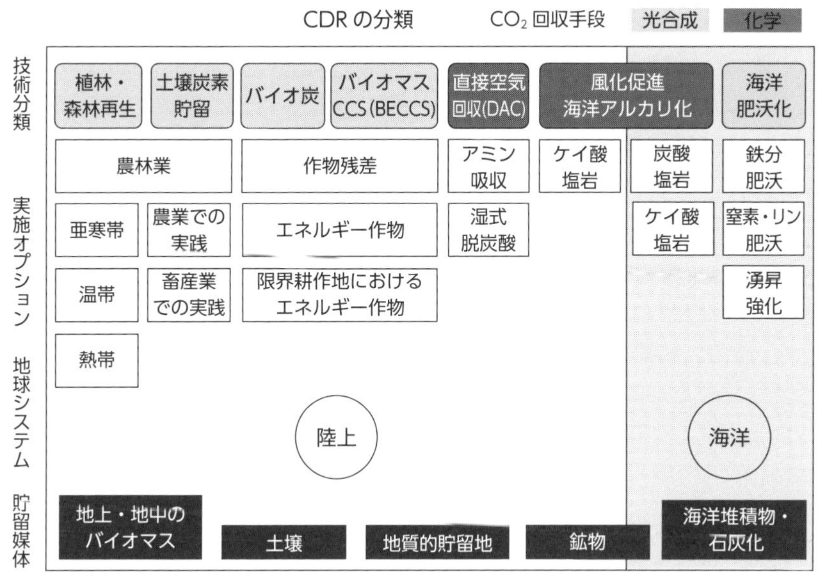

(出典：Minx et al.（2018）「Negative emissions - Part 1：Research landscape and synthesis」)

図5.13　二酸化炭素除去（CDR）法

ける炭素吸収と貯留の強化を含みます。都市は正味ゼロ排出を達成しうるが、それは、サプライチェーンを通じてその地域の内外で排出量が削減される場合に限られます［サプライチェーン全体の脱炭素が必要］。

C.7　既存建物とこれから建設される**建物は、2050年に正味ゼロのGHG排出量**に近づくと予測されます。適切に設計され、効果的に実施される緩和介入策は、新築の建物と改修された既存の建物の両方において、将来の気候変動に適応させます。同時に、すべての地域において**SDGs達成に貢献**する大きな潜在的可能性を有します［省エネや再エネ対策などを組み合わせた政策パッケージも必要です］。

C.8　輸送部門の排出量削減に関しては開発途上国も含め、排出量増加を抑制できます。すべての輸送サービスに対する**需要を削減**し、よりエネルギー効率の高い輸送方式への移行を支援できます（確信度が中程度）。低排出電力を動力源とする**電気自動車は、ライフサイクルで最大の脱炭素化ポテンシャル**を提供できます。持続可能なバイオ燃料は、短期・中期的にさらなる緩和効果をもたらしうるものです（確信度が中程度）。**持続可能なバイオ燃料、低排出の水素**とその派生物質（合成燃料を含む）は、CO_2排出の緩和を支援しうるが、生産プロセスの改善とコスト削減が課題です（確信度が中程度）［C.9でも触れますが、バイオ燃料は農業分野や食料など他の分野との調整が必要であり間接的にCO_2排出が増加することも懸念されます］。運輸部門の緩和戦略は、大気汚染の改善、健康上の便益、交通サービスへの衡平なアクセス、渋滞の削減、材料需要の削減など共便益（コベネフィット）をもたらします。

C.9　農業、林業、その他土地利用（AFOLU）の緩和オプションは、**持続可能な方法で実施された場合、大規模なGHG排出削減と除去**の促進をもたらしうるが、他の部門の遅れを完全に補うことはできません。加えて、持続可能な方法で調達された農林産物は、他の部門において、よりGHG排出量の多い製品の代わりに使用することができます。

対策の**実施を阻む障壁やトレードオフ**は、気候変動の影響、土地に対する競合需要、食料安全保障や生計との競合、土地の所有や管理制度の複雑さおよび文化的側面などから生じるかもしれません。共便益（コベネフィット、例えば、生物多様性の保全、生態系サービス、生計など）を提供し、リスクを回避する（例えば、気候変動への適応を通して）ための、国ごとに特有の機会が多く存在します。

C.10　需要側の緩和には、インフラ利用の変化、社会文化的変化および行動の変容が含まれます。［例えば、省エネ長寿命の製品利用、在宅勤務、EVやバスの利用など］エンドユース部門における世界全体のGHG排出量をベースラインシナリオに比べて2050年までに40～70％削減しうる一方で、いくつかの地域や社会経済集団は、追加のエネルギーや資源が必要になります。

C.11　CO_2またはGHGの正味ゼロを達成しようとするならば、削減が困難な残余排出量を相殺するCDRの導入は避けられません［CDRとは、**図5.13**で示したとおり、残余GHG排出を相殺するための大気からCO_2を除去し地中や海洋などに貯留、もしくは、コンクリートなど製品に持続的に貯蔵するなどCO_2除去法です］。

C.12　100米ドル/トンCO_2換算以下のコストの緩和オプションにより、

緩和策		SDGsとの関係															
		1	2	3	4	5	6	7	8	9	10	11	12	14	15	16	17
エネルギーシステム	風力発電	+	・	+			+	+	+	+		+	・	・	・		
	太陽光発電	+	・	+			・	+	+	+		+	・		・		
	バイオエネルギー	・	・	・			・	・	+	+		+	+	・	・		
	水力発電		・	+			+	+						・	・		
	地熱発電	+		・			・	+		+		+					
	原子力発電			・			−	・	+	+			・	・	・		
	炭素回収・貯留（CCS）			+			−		+	+			・				
農林業・土地利用（AFOLU）	農業における炭素隔離※1	+	+	・			+		+				・	+	+	+	
	農業起源メタン・N_2O排出削減		・	+			・			・			+	+	+		
	森林やその他の生態系の転換の低減※2	・	−	+			+		・			・		+	+	・	・
	生態系の回復、再植林、植林	+	・	+			・		−		・	+		+	+		
	改善された持続可能な森林管理	+	・	+			+	・	+	+	・	・		+	+		
	食ロス・食品廃棄物の低減	+	+	+			+	+			+	+	+	+	+	+	
	持続可能でバランスの取れた健康な食事への転換	・	+	+			+	+		・	+	+	+	+	+		
	再生可能資源※3	・	・	・			・	・	+	+				・	・		
都市システム	都市土地利用・空間計画	+	・	+	+	+	+	+	+	+	・	+	・	・	・	+	
	都市エネルギーシステムの電化	+	・	+	+	+	+	+	+	+	+	+	・	+	・	+	
	地域冷暖房ネットワーク	+	−	+				+	+	+		+	+		+	+	
	都市グリーン・ブルーインフラ	+	+	+	+		+	+	+	+	・	+	+	+	+	+	
	廃棄物回避・最小化・管理	+	+	・			+		・	+		+	・	+	+	+	
	部門・戦略・イノベーションの統合	+	+	+	+	+	+	+	+	+	+	+	+	+	+	+	+
建築物	需要側の管理	+	+	+			+	+	・	・	+	+	+				
	エネルギー効率の高い建築物外皮	・	+	・	+		+	+	・	・	・	+	+			+	−
	高効率暖房・換気・空調（HVAC）	・	+	+			+	+	・	・	・	+	+				
	高効率家電	・	+	+	+	+	+	+	・	−	・	+	・		+		
	建築物設計・パフォーマンス	+	+	+			+	+	・	−	+	+	+		+	+	
	オンサイトの再エネ発電・利用	・	・	+	+	+	・	・	・	・	・	+	+		+	+	+
	建築方法の変更・サーキュラーエコノミー			+			・	+	・	+		+	+				+
	建築資材の変更			・			・	+	・	+		+	+		−		+
運輸	燃費向上（軽量車）	+		+				+	+			+			+		
	電気自動車（軽量車）			・				・	+	+	・	+	・				
	公共交通へのシフト	+		+	+	+		+	+	・	+	+	+				
	自転車、eバイク、非道力系交通手段へのシフト	+		・	+	+		+	+	+	+	+	+		+		
	燃費向上（重量車）	+		+				+	+						+		
	燃料転換（電化含む）－重量車			+				+	+	+			・				
	配送効率化、物流最適化、新燃料							+	+	+							
	航空機エネルギー効率化、新燃料							+	+	+							
	バイオ燃料		・	・				+	+	+		+		・	・		

（出典：「IPCC AR6 WG3 解説サイト」国立環境研究所）

図5.14　緩和策とSDGsのシナジーとトレードオフ

緩和策		SDGsとの関係															
		1	2	3	4	5	6	7	8	9	10	11	12	14	15	16	17
産業	エネルギー効率向上			+(中)				+(高)	+(高)	+(高)							
	マテリアル効率向上、需要削減						+(低)		・(低)	+(中)			+(中)				
	資源循環			+(中)			+(高)	+(中)	+(中)			+(中)	+(高)	+(高)	+(低)		+(中)
	電化	+(高)	・(中)	+(高)		+(高)		+(高)	+(高)						−(高)		
	CCS・炭素回収と有効利用（CCU）			・(高)			−(高)	・(高)	+(低)	+(中)		+(高)			−(高)		

1. 貧困撲滅
2. 飢餓ゼロ
3. 健康と福祉
4. 質の高い教育
5. ジェンダー平等
6. 安全な水と衛生
7. 廉価なクリーンエネルギー
8. 働きがいと経済成長
9. 産業、技術革新、インフラ
10. 不平等の削減
11. 持続可能なまち、コミュニティ
12. 責任ある消費と生産
13. 気候変動対策
14. 海の豊かさ
15. 陸の豊かさ
16. 平和、公正、強力な制度
17. パートナーシップによる目標達成

関係のタイプ：
+ シナジー
− トレードオフ
・ シナジーとトレードオフの両方※4
空白は評価していないことを示す※5

確信度：
■ 確信度高い
■ 確信度中程度
■ 確信度低い

※1：農地や牧草地における土壌の炭素管理、農林業、バイオ炭
※2：森林破壊や喪失、泥炭地や沿岸湿地帯の劣化
※3：材木、バイオマス、農産物原料
※4：双方の確信度のうち低いものを表示
※5：文献が限られているため評価していない
(出所) IPCC AR6 WG3 SPM Figure SPM.8

(出典：「IPCC AR6 WG3 解説サイト」国立環境研究所)

図5.15　緩和策とSDGsのシナジーとトレードオフ（続）

世界全体のGHG排出量を2030年までに少なくとも2019年レベルの半分に削減できる可能性があります。予測（モデル化された経路）では、世界のGDPは引き続き成長しますが、気候変動による損害の回避や適応コストの削減による緩和対策の経済的利益を考慮しない場合、現行の政策を超える緩和を行わない予測と比べて、2050年には数パーセント低くなります[1.5℃目標を目指す温暖化対策をしても経済成長が停滞してマイナスになることはないとIPCCは指摘しています。GDPは2050年にかけて2倍程度になるところ、1.5℃シナリオの緩和策を実施したとしても、3～4%程度しか低減しない、と予測されています]。温暖化を2℃に抑える経済効果は、緩和コストを上回ります（確信度が中程度）。

（3）緩和、適応、持続可能な開発の連携

D.1　気候変動の影響を緩和し、適応する行動は、持続可能な開発のために非常に重要です。**SDGsは、持続可能な開発の文脈において緩和オプションの含意を気候行動の評価基準として利用**することができます［この部分はIPCCの確信度が高く、SDGsとの整合性がポイントになります］。

［注意すべき点として、緩和策とSDGsのトレードオフが指摘されていま

す。トレードオフとは、何かを得ると別のものを失うという両立できない関係のことです。例えば、緩和策とSDGsが両立しない例として、地下水利用vs.企業の土地利用、生物多様性vs.食糧確保、といったケースです。生態系の保全や復元は、植物や土壌に炭素を貯留でき、生物多様性を維持できます。その一方で、食料生産や土地の開発計画にマイナスの影響を与えます]。

D.2　持続可能な開発、脆弱性および気候リスクの間には強い関連性があります。人間の居住地や土地管理における対応オプションは、緩和と適応の両方の成果をもたらします。協調的な部門横断的な政策と計画により、相乗効果を最大化し、**緩和と適応の間のトレードオフを回避または低減**することができます［地球温暖化に対し、緩和と適応は車の両輪になります。同時に進める必要があります]。

D.3　緩和や持続可能性に向けて開発経路を移行させるために、**衡平性への配慮や、すべての規模における意思決定へのすべての関係者の幅広く有意義な参加**は、社会的信頼を築き、変革への支持を深めることができます。

（4）対策の強化

E.1　短期的に大規模展開できる緩和オプションの実現可能性は、部門や地域、能力、および実施の速度と規模によって異なります。緩和オプションを広く展開するためには、**実現可能性の障壁を削減または除去し、可能にする条件を強化**する必要があるだろう。これらの**障壁と可能にする条件には、地球物理学的、環境生態学的、技術的、経済的な要因があり、とくに、制度的要因と社会文化的要因**があります。

E.2　すべての国において、緩和努力によって、排出削減の速度、深度、幅を増大させうる（確信度が中程度)。開発経路を持続可能性に向けて移行させる政策は、利用可能な緩和対策のポートフォリオを拡げ、開発目標とのシナジーの追求を可能にする（確信度が中程度)。

E.3　**気候ガバナンス**は、各国の事情に基づき、法律、戦略、制度を通じて行動し、**多様な主体が相互に関わる枠組みや、政策策定**や実施のための基盤を提供することにより、緩和を支援します（確信度が中程度)。

　効果的で衡平な気候ガバナンスは、市民社会の主体、政治の主体、ビジネス、若者、労働者、メディア、先住民、地域コミュニティとの積極的な関与の上に成り立ちます（確信度が中程度)。

E.4 多くの規制的手段や経済的手段は、すでに成功裏に展開されています。制度の設計は、衡平性やその他の目標に対処するのに役立つ可能性があります。これら制度は規模を拡大し、より広範に適用すれば、大幅な排出量の削減を支援し、イノベーションを刺激します。イノベーションを可能にし、能力を構築する政策パッケージは、個々の政策よりも、衡平な低排出な将来への移行をよりよく支援できます。

E.5 資金は、すべての部門と地域にわたって、緩和目標の達成に必要なレベルに達していません。**緩和のための資金フローの拡大**は、明確な政策の選択肢と政府および国際社会からのシグナルにより支えることができます。

E.6 国際協力は、野心的な気候変動緩和目標を達成するための極めて重要な成功要因です。国連気候変動枠組条約（UNFCCC）、京都議定書、およびパリ協定は、ギャップが残っているものの、各国の野心レベル引き上げを支援し、気候政策の策定と実施を奨励しています。

- ◆ 緩和策は進んでいるがGHG排出は増加し、2℃目標達成は困難
- ◆ CO_2排出ネットゼロに向けた脱炭素技術のコスト大幅低減は追い風
- ◆ オーバーシュートを避けるためにも早期の野心的取り組みが必要

現場で耳にする環境問題と立入検査

6.1 総合判断説とおから事件（最高裁判例）

端材など雑多な不要物をトン当たり30円で県外業者に毎週、売却していますが、廃棄物として規制されるおそれがあると聞きましたが本当でしょうか。

循環型社会に向かって製造業（排出事業者）による不要物の有効利用、副産物などの再利用や再資源化などが活発化しています。かつて悪質な業者や排出事業者が「廃棄物でなく資源だ」、不法投棄を「仮置きしている」と称して、廃棄物の不適正処理や長期放置（不法投棄）を繰り返していました。

廃棄物該当性に関する疑義や裁判の積み重ねの結果、最高裁判例と同じ内容の総合判断説が「行政処分の指針について（令和3年4月14日）」で通知されています。廃棄物管理の根幹になる概念なので少し詳しく解説します。

▶ 廃棄物該当性の判断について

次の総合判断説を確認いただきたいと思います。「**廃棄物とは、占有者が自ら利用し、又は他人に有償で譲渡することができないために不要となったものをいい、該当するか否かは、その物の性状、排出の状況、通常の取扱い形態、取引価値の有無及び占有者の意思等を総合的に勘案して判断**すべきもの」

廃棄物か否かの判断は、上記の総合判断説に基づいて複数要素を総合的に勘案するため、自治体によって判断が異なることもあります。「取引価値の有無」に関しては、品質管理の有無や継続的なビジネスとして実態をより重視する自治体が多いようです。高い運賃などを相手に支払う逆有償で手元マイナスなら、トン当たり30円といった名目だけの売買は有価物でなく廃棄物の取引と判断されることもあります。不要物が再生され有価の製品になるまでは廃棄物として扱うので、運搬委託も収集運搬の許可がないと違反になります。再生後に自ら利用又は有償譲渡が予定される物であっても、再生前においてそれ自体は自ら利用又は有償譲渡がされない物であれば、当該物の再生は廃棄物の処理であり、廃棄物処理法の適用があります。

▶ おから事件（最高裁平成11年3月10日第2小法廷決定）

これは豆腐製造業者から、おからを飼料や肥料の原料として引き取っていた業者が、産廃処理業の無許可営業に該当するかが争われた刑事事件です。おからの引取業者は処理料金を徴収しているにもかかわらず、処理能力を超えておからを搬入したため悪臭が発生し生活環境に支障を与えていました。

裁判所は、①おからは豆腐業者によって大量に排出されている、②非常に腐敗しやすい、③当時、食用等に有償取引され利用されるのはわずかである、④被告の引取業者は処理料金を徴収していた、などを理由として、本件のおからは産業廃棄物であると判断し、取引業者は有罪となりました。

有価で売却されている事実があっても、廃棄物に該当しないと主張するには、飼料・肥料製造事業の安定的なビジネスが確立し、おからで製造した飼料・肥料の品質管理が維持され継続的に販売されていることが必要です。長期間放置され悪臭で近隣から苦情が出ていれば不法投棄になります。

おから事件と同種の裁判が提起された場合、現在は排出事業者の責任も追及されます。廃棄物の疑いのあるものは、**表6.1**（鳥取市）のようなフォームであらかじめ5つの判断要素を検討すると廃棄物該当が分かります。

▶ 木くずの裁判

木くずに関する裁判でも、単に再生利用というだけではなく、製造事業として確立し継続して取り引きされていることが必要とされ、裁判所は、木材チップ製造業者は必要以上に木くずを受け入れて適切な管理が行われていなかったとして、廃棄物に該当すると判断しました。木くずの排出事業者は無許可業者への委託で有罪になりました（東京高裁平成20年5月19日判決）。

▶「野積みされた使用済みタイヤの適正処理について」

かつて山奥には古タイヤの野積みが散見されました。タイヤは溝に雨水がたまると、悪臭やボウフラの発生原因になり、火災の危険もあります。保管者などが「売却予定の有価物」と主張すると、行政は対応が困難でした。

そこで通知が発出され、「**概ね180日以上の長期にわたり乱雑に放置されている場合には**、適切な再生目的で履行期限の確定した売買契約などが締結されているなどの事情がない限りは、**廃棄物の不法投棄等として対処すべき**

表6.1　廃棄物該当性の判断（5要件に基づく総合判断）

○環境省通知（令和3年4月14日付け環循規発第2104141号）に示された以下の判断基準により判断

総合判断項目及び条件	性状・状況等	適合状況
ア．物の性状 利用用途に要求される品質を満足し、かつ飛散、流出、悪臭の発生等の生活環境保全上の支障が発生するおそれのないものであること。		
イ．排出の状況 排出が需要に沿った計画的なものであり、排出前や排出時に適切な保管や品質管理がなされていること。		
ウ．通常の取扱い形態 製品としての市場が形成されており、廃棄物として処理されている事例が通常は認められないこと。		
エ．取引価値の有無 占有者と取引の相手方の間で有償譲渡がなされており、なおかつ客観的に見て当該取引に経済的合理性があること。		
オ．占有者の意思 客観的要素から社会通念上合理的に認定し得る占有者の意思として、適切に利用し若しくは他者に有償譲渡する意思が認められること、又は放置若しくは処分の意思が認められないこと。		
総合的な判断結果 有価物と判断されるor廃棄物と判断されるor更なる検討を要する（判断に不足するデータは明記する）		

（出典：鳥取市ホームページ）

である」と指摘。この通知（通知平成12年7月24日衛環第65号）を根拠にして、再生用資源でも、野外に長期保管した場合には不法投棄に該当する可能性があるといえます。

◆ 廃棄物の該当性は、その物の性状、排出の状況、通常の取り扱い形態、取り引き価値の有無、および占有者の意思などを総合的に勘案して判断

◆ 再生資源は品質管理と経済合理性などの立証がないと廃棄物認定の可能性あり

◆ 廃棄物を180日以上みだりに放置すると不法投棄とみなされる可能性あり

6.2 欠格要件

廃棄物の許可を持つ法人の役員などが、法令に違反し禁錮刑（執行猶予含む）もしくは廃棄物処理法や水濁法など生活環境の保全に関する法令で罰金刑以上が確定すると、勤務する法人の許可はすべて取消処分になります。

▶ 道交法・脱税・森林法違反でも許可取消

建設関連では、自社が産廃の許可業者の場合が多いです。子会社が汚泥脱水など施設設置の許可を保有しているケースで、本社の幹部が子会社の役員を兼任することもあります。その兼任含め、**役員などが罰金や禁固刑になり欠格要件に該当した場合、会社の廃棄物関連許可がすべて取り消されます。**

廃棄物関連の許可を持つ法人の役員などが、廃棄物処理法および水濁法など「生活環境の保全に関する法令や刑法などで罰金の刑に処せられた場合」、さらに**道交法、収賄や脱税、森林法違反など他の法律で「禁錮以上の刑に処せられた場合」も「欠格要件」に該当**します。**表6.2**に具体的対象をまとめました。

廃棄物処理法上の悪質性が重大な取消原因に該当すると、許可を取り消された法人の役員などが他の許可業者の役員などを兼務している場合、連鎖してその許可業者も許可が取消になります。一方、欠格要件に該当した許可業

表6.2　欠格要件の対象

対象法令	欠格になる刑罰と期間
道交法など一般の法令	禁錮以上の刑、その執行を終わり、又は執行を受けることがなくなった日から５年を経過しない者
廃掃法など９つの環境法	罰金の刑に処せられ、その執行を終わり又は執行を受けることがなくなった日から５年を経過しない者
暴力団や暴力行為の関係法および刑法関連	同上

者は、その旨を都道府県知事に届け出ることが義務付けられ（廃棄物処理法14条の2第3項、14条の5第3項）、これに違反すると直罰の対象になります。

解釈が難しいので、交通違反を例に説明します。例えば、役員が酒酔い事故で有罪になって欠格要件に該当すると、会社の許可がすべて取り消されます。

▶甘くない交通違反

交通違反も立派な犯罪であり、本来は裁判所で裁きを受けるべきです。しかし件数が多いので、全体の９割以上を占める軽微な交通違反は反則金の納付で終了します。ただし期日までに反則金を納付しないで違反が常習になると、刑事手続きが進行し裁判で有罪になって前科がつくこともあります。反則金の納付をせずに裁判で下手に争うと過去の違反歴や処分歴、反復違反の情状などによっては軽微な違反でも禁錮刑や懲役刑になるケースもありえます。

飲酒や速度違反の車が児童の列に突入するなど重大事故が相次いで発生し、悪質・危険な運転者に対する罰則の強化がなされています。道路交通法に関連する2018年度半期の廃棄物許可に関する行政処分例（欠格要件に該当し許可取消）を一部紹介します。

■Ｙ社の役員が過失運転致傷により禁錮の刑に処せられ、その執行を終わり、または執行を受けることがなくなった日から５年を経過しない者であることを確認。この事実により、同社は欠格要件に該当するため産業廃棄物収集運搬業許可を取り消した（2018-4-19　三重県）。

■Ｋ建設の役員が道路交通法に違反し、平成28年11月9日付けで水戸地方裁判所土浦支部から懲役５か月の刑に処せられ、同年11月25日に確定した。よって産業廃棄物収集運搬業の許可を取消された（2018-4-26　茨城県）。

■Ｋ社の役員は、道路交通法に違反したことにより、平成28年12月21日に高松地方裁判所から懲役６か月執行猶予３年の刑を宣告され、平成29年1月5日に刑が確定した。同社は法第14条の3の2第1項第4号に規定する業許可の取り消し事由の欠格要件に該当した（2018-7-27　香川県）。

■Ａ社の役員は、自動車運転死傷行為処罰法（過失運転致傷）により平成28年２月24日に前橋地方裁判所において禁錮１年（執行猶予３年）の判決を受け翌月確定。同社は欠格要件に該当し許可を取消された（2018-8-21　栃木県）。

他に、山形県、埼玉県、東京都などでも同様な許可取消がありました。

▶ 事業の停止と許可取消し

許可を受けた**法人の役員等が欠格要件に該当**したときに、都道府県知事（政令市など）は許可を**取り消さなければならない規定**になっています。一方、廃棄物処理法の違反行為をしたとき、かつ情状が特に重いときは許可取消しとなります。この「情状が特に重い」は過去の摘発事例を見ると、次に挙げるような違反が該当しています。

- 不法投棄や焼却禁止違反
- 行政命令違反（措置命令、改善命令など）
- 委託基準違反や名義貸し、施設の無許可設置　など

環境省通知「行政処分の指針について」（令和３年４月）では、許可取消しを規定する「情状が特に重いとき」を次のように規定しています。

「情状が特に重いときとは、不法投棄など重大な法違反を行った場合や違反行為を繰り返し行い是正が期待できない場合など、廃棄物の適正処理の確保という法の目的に照らし、業務停止命令等を経ずに直ちに許可を取り消すことが相当である場合をいい、違反行為の態様や回数、違反行為による影響、行為者の是正可能性等の諸事情から判断されるものであること。なお、法第25条から第27条までに掲げる違反行為を行った場合については、重大な法違反を行ったものとしてこれに該当すると解して差し支えないこと。」

なお、罰則が強化されたマニフェスト制度の規定に違反し、罰金刑が科された法人は、**図6.1**のパターン②に該当すると許可取消になる可能性があります。

▶ 欠格対象になる株主等と欠格者解任など

欠格対象となる「役員等」は、法人に対し業務を執行する社員、取締役、執行役またはこれらに準ずる者などですが、5/100以上の株式を有する株主や大口出資者も該当し実際に取消になった例もあります。

法人の役員などが欠格要件に該当した場合に、取消処分を免れるため、事

パターン① 法人Aの許可取消原因が、廃棄物処理法上の悪質性が重大なものである場合

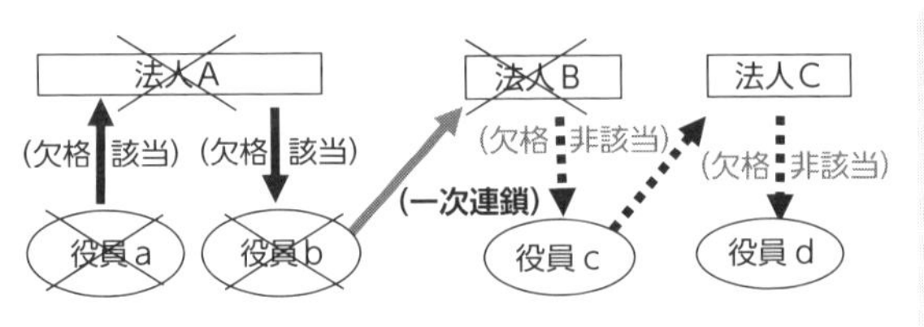

廃棄物処理法上の悪質性が重大な場合
○不法投棄等の刑罰が重い違法行為をした場合
○暴力団が関与した場合
○不正・不誠実な行為をするおそれがある場合
○不正手段で許可を取得した場合

パターン② 法人Aの許可取消原因が、廃棄物処理法上の悪質性が重大なものでない場合

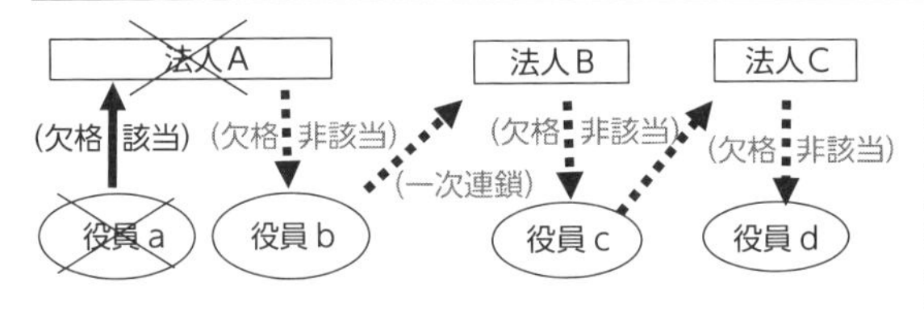

廃棄物処理法上の悪質性が重大でない場合
○道交法等の他法に違反して禁固刑・罰金に処せられた場合
○廃掃法中の刑罰が軽い違法行為をした場合
○破産した場合　　等

(出典：環境省)

図6.1　欠格要件と許可取消　悪質性が重大なら連鎖

後的に当該役員を解雇、もしくは解任し、または役員自らがその地位を辞任することが考えられます。しかし、条文が欠格要件に「該当するに至つたとき」(法第14条の3の2第1項第1号から第4号まで) としているとおり、いったん欠格要件に該当した以上、仮に法人の役員などがその地位を完全に辞任などしたとしても許可を取り消さなければならない、と環境省は通知しています。

◆ 廃棄物の施設許可や業許可は役員等個人の法違反で取消になる可能性
◆ 役員などが廃棄物処理法や水濁法など生活環境の保全に関する法令や刑法などで罰金刑以上になるか、他の法令違反で禁固刑以上になると欠格要件に該当
◆ 欠格要件に該当すると施設許可や業許可を受けることができず、既存の許可が取り消される

6.3 プラスチック問題と循環利用

プラスチックは衣食住含め、現代社会で必要不可欠な素材となっています。その一方で、海洋汚染なども指摘されています。**海域に流出したプラスチック廃棄物**は紫外線で劣化して波の作用などで細かく破砕されます。それが**5mm以下のマイクロプラスチック**になり、海洋生物や海鳥などの生態系に悪影響を与えています。魚介類を内臓含め丸ごと大量に摂取すると人の健康にも悪影響を及ぼす可能性が指摘されています。そこで、最近よく耳にするプラスチックの健康影響、プラスチック資源循環法、CLOMAについて簡単に触れます。

▶ マイクロプラスチックによる健康影響

プラスチックは糞便から排出され健康に影響ないと主張されていましたが、それを覆す研究があります。オランダの論文を紹介します。

プラスチック成分が人の血液中から検出されたとする論文が、2022年3月に科学誌『Environment International』に掲載されました。アムステルダム自由大学で行われた研究では、22人が提供した血液のうち、17人の血液中からマイクロプラスチック成分（700 nm以上）が検出されました。

同じ大学の教授らが2022年4月に発表した論文でも、家畜の肉や血液などからマイクロプラスチックが検出されたという調査結果もあります。調査された各12頭の牛と豚の血液から3種類以上のプラスチック成分が検出され、飼料ペレット（animal feed pellets）由来と推定されています。

▶ プラスチックに係る資源循環の促進等に関する法律

プラスチック資源循環法により、**政府は資源循環の高度化に向けた環境整備・循環経済（サーキュラーエコノミー）への移行を目指し**ています。この法律は、資源循環の促進などを図るため、プラスチック製品の使用の合理化、プラスチック使用製品の廃棄物の市町村による再商品化ならびに事業者による自主回収、および再資源化を促進するための制度の創設などの措置を講ずることにより、生活環境の保全および国民経済の健全な発展に寄与することを目的として、次のような基本方針を策定しています。

- プラスチック廃棄物の排出の抑制、再資源化に資する環境配慮設計
- ワンウェイプラスチックの使用の合理化
- プラスチック廃棄物の分別収集、自主回収、再資源化　など

▶ プラスチック資源循環法の影響

この法律では、使い捨てのフォークやスプーン、ホテルのくし、クリーニングのハンガーといった、プラスチック製品を削減対象にしています。企業側には削減の取り組みが求められ、対策が著しく不十分な場合、勧告を受けたり社名を公表されます。勧告・公表・命令の後、命令違反した場合は、50万円以下の罰金です。外食チェーンやホテルなどでは代替品への変更を実施しています。生活用品や食品でも包装の簡易化や代替包装への工夫が進んでいます。

▶ クリーン・オーシャン・マテリアル・アライアンス

海洋プラスチックの問題を解決するには、**プラスチック製品の持続可能な使用**、使い捨て・ポイ捨てなどの防止、廃プラの削減と廃棄物の適正管理が必要です。さらにプラスチック製品の**3R強化や生分解性プラスチックの開発、代替素材の開発と導入**が求められています。

こういった課題に対処するための代表的な組織が「クリーン・オーシャン・マテリアル・アライアンス（Japan Clean Ocean Material Alliance；CLOMA）」です。CLOMAは490を超える企業・団体などが会員になり、上流の素材提供側と利用企業側の技術・ビジネスマッチング、先進情報の共有、技術交流、国際連携、企業間連携などに取り組んでいます。

◆ 深海や極地にも微細なプラスチックが拡散し、様々な影響が懸念される

◆ プラスチック製品使用の合理化や資源循環の促進、製品の再資源化などを目的にプラスチック資源循環法が2022年に施行

◆ 使い捨てのプラ製品を削減し、プラ製品の持続可能な使用、廃プラの削減と廃棄物の適正管理が必要、日本ではCLOMAなど推進組織が活躍

6.4 溶存酸素量(DO)と溶存酸素垂下現象

溶存酸素（DO）は水に溶けている酸素で、水生生物にとって不可欠です。水質の指標にもなっているDOの基本事項について解説します。

▶ 河川の溶存酸素

河川水は、水面と接触する**大気および水生植物などから酸素を獲得**します。河床勾配の大きい急流では流水の攪拌（かくはん）により大気から酸素を豊富に得ることができます。滝や堰による水のばっ気や広い水面もDO濃度を高めます。水草や植物プランクトンなどは光合成によって酸素を水中に供給します。

一方、水中の酸素は、生物の呼吸や有機汚濁物質（生物の死骸など）の微生物分解により消費されます。水中の溶存酸素は、生成されるよりも多くの酸素が消費されると、溶存酸素レベルが低下し、敏感な魚介類など水生生物は悪化した水域から離脱するか影響を受けて死滅することもあります。

DOは大気圧との平衡関係により溶け込む量に限界があり、水温と高度（気圧）によっても変化し、冷たい水は温水よりも飽和溶存酸素量が多くなります。1気圧の条件下で純水の飽和溶存酸素量は、水温0℃で14.62mg/L、10℃で11.29mg/L、20℃で9.09mg/L、30℃では7.56mg/Lです。冷却に使用した温排水は、飽和溶存酸素量を低下させます。

DOの値が大きいと一般的に水質が良好で、有機汚濁の程度は低い傾向があります。水生生物が生息する清浄な水ほどDOは大きく、山間部にある河川の上流部では水温も低いためDOが高くなります。一方、下流では流域から有機汚濁物質が流入するため、好気性微生物が有機物を分解し、水中の溶存酸素が消費されます。溶存酸素は、一般に**魚介類が生存するためには3mg/L以上が必要であり、良好な水質を維持するためには5mg/L以上**であることが望ましいとされています。また、好気性微生物が活発に活動するためには2mg/L以上が必要とされています。

▶ BODでみる溶存酸素量

生物化学的酸素要求量（BOD）とは、河川中の有機汚濁物を分解する際に微生物が消費する酸素の量です。酸素消費率は、温度、pH、特定種類の微生物の存在、水中の有機および無機物質の存在などの影響を受けます。

有機汚濁の量が増えるとBODが高く溶存酸素を急速に消費してDO濃度が低くなります。BODを悪化させる原因物質や発生源としては、動植物の死骸や排泄物、紙パルプ工場や食品工場の廃液、生活排水、畜産や肥料関連、それに都市や住宅地および農地からの排水などが挙げられています。

▶ 溶存酸素垂下（oxygen sag）

排水の放流地点などで水質は悪化し始めます。汚濁が進むと魚類は姿を消して多くの水生生物は死滅し、逆に汚濁を好むイトミミズなどがあらわれます。そのイトミミズやユスリカの幼虫を食べるコイもみられます。

有機性汚濁物質を微生物が分解するときに溶存酸素DOを消費します。これによって**図6.2**に示した溶存酸素垂下（oxygen sag）の現象が生じます。図の実線がDOで破線がBODです。

一方、流下時間の経過とともに、DOは自然に回復しますが流れ下る距離（最低でも8～10km程度）は必要といわれます。

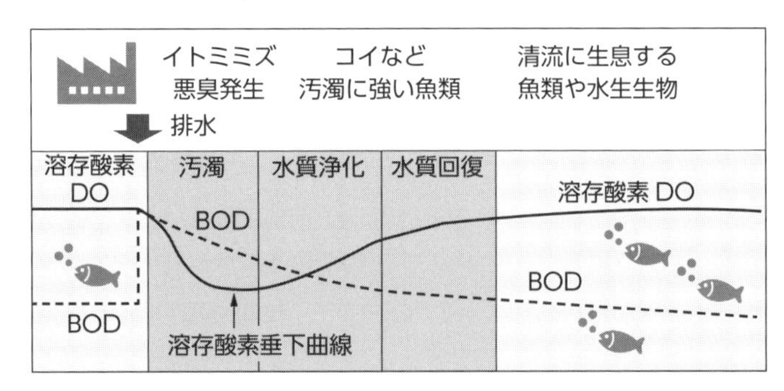

図6.2　溶存酸素垂下（oxygen sag）のイメージ

◆ 水温や塩濃度が低いほど、圧力は高いほど、溶け込む酸素量が増加

◆ 溶存酸素垂下曲線は有機汚濁BODと溶存酸素の関係示す模式図

6.5 BODと水質測定義務

工場排水や河川の水質調査における生物化学的酸素要求（消費）量、BODは世界でもっとも長く測定されています。BOD_5測定法は1908年にイギリス政府によって公式に採用され、培養期間を５日間にしたのは下水など有機汚濁物質がテムズ川に排出され海に流出するまで最長の期間が５日間だからです。培養日数が10日を過ぎるとどうなるでしょう。

▶生物化学的酸素要求量（BOD）とは

生物化学的酸素要求（消費）量はBiochemical Oxygen Demandを略し、BODと呼ばれます。**BODは有機汚濁の指標**です。BODは有機物を微生物が好気的に分解するのに必要な酸素量であり、この有機物は主に「炭素を含む分子や化合物」を指し、糖類や有機酸に加え、糞便・し尿、動植物残さ、食品廃棄物、アルコール類、洗剤・石鹸、生活排水なども含まれます。ほとんどの有機物は好気性微生物に分解されて二酸化炭素（CO_2）と水になります。

河川では微生物が有機物を分解するときに水中の溶存酸素（DO）を消費するので、DO消費量が増える状態は水が汚れていることを示します。つまり、BODの値は少ないほうがよりきれいな水といえます。

BODは有機物の生分解に必要な酸素量をいい、水中の**有機汚濁物質が好気性微生物によって分解される際に消費**される溶存酸素量を表したものです。いわば、「微生物が酸素を消費しながら餌として有機物を食べる」とき必要な酸素量がBODで、餌は微生物の活動エネルギーや増殖などに利用されます。

同じメカニズムの活性汚泥による生物処理があります。活性汚泥はばっ気時間の経過で、細菌増殖期から内生呼吸期（死滅期）に移行しますが、細菌を捕食する、サイズがより大きい原生動物や後生動物なども増殖します。こういった複雑なプロセスで有機物が生物分解され有機汚水が浄化されます。

▶ 硝化細菌と無機物の化学反応

『新・公害防止の技術と法規 水質編』Ⅲ．5.4　測定各論（産業環境管理協会）では、BODに関連する物質を次の3つに大別しています。

①有機物で、好気性の微生物によって酸化分解されるもの

②窒素化合物で、硝化細菌によって酸化分解されるもの

③溶存酸素を消費する還元性物質、例えば、亜硫酸塩、硫化物、鉄（Ⅱ）など

一般的には①がBODの対象です。上記②の硝化細菌による酸素消費をN-BODとして通常のBODと分けて測定することがあります。さらに、試料中に鉄（Ⅱ）や亜硝酸イオンなど③に属する還元性物質が存在する場合は、還元物質が化学的に溶存酸素を消費するため、15分間放置後の溶存酸素減少量を測定して、15分間（瞬間）の酸素消費量IDODとし、BODと区別します。

▶ 排水のBOD測定方法

実際に測定するのは有機物ではなく、微生物による有機物の分解時に消費（要求）される溶存酸素量なので間接的測定といえます。生分解しやすい糖類や有機酸はほぼ完全に測定可能ですが、デンプン、タンパク質、脂質などは50%程度しか測定できないといわれます。生分解性のない物質、例えばマイクロプラスチック（合成樹脂）や粘土鉱物は測定できません。BODの測定結果は、好気微生物の種類、pH、水温、日照および栄養条件などによって大きく変化するため、前処理など調整が必要で、JISに規定された標準的手順で測定します。

基本的な測定方法として、試料を希釈水で適当な倍数に薄めて溶存酸素を定量し、培養瓶に空気が入らないように入れて密栓します。これを20℃、5日間暗所で培養し、培養前後の差から微生物が消費したDOを求めます。培養後のDO減少量がBODです。初めて測定する場合は、類似の測定値やCOD値などから推測して、工場排水の希釈倍数を決めます。適切に希釈することで微生物の活動や増殖に最適な状態にします。

排水のBOD試験では採取したサンプルを希釈することで、試料（排水）が河川に放流された状態に近い条件にします。これが排水を河川放流したときの溶存酸素を消費する自然環境にもっとも近い条件と考えられます。希釈

条件が適切ならDOは5日間で40〜70%が消費されます。日本や海外のBOD公定法は希釈法を採用しています。なお、培養容器に光が当たると内部の植物プランクトンや藻類が光合成によってDOを増加させるため暗所で培養します。

有機物を分解する微生物と酸素の両方がなければ、BODの測定はできません。そこで好気性微生物が試料中に適量存在しない場合は試料の希釈に、植種希釈水を用います。植種は好気性微生物の添加です。植種は、下水の上澄み液や河川水、土壌抽出液などを利用します。

▶ 有機物分解菌と窒素化合物を酸化する硝化菌の酸素消費

有機廃水の微生物分解に関して、経過時間ごとの酸素消費は理想的条件であれば**図6.3**のようなイメージになります。最初の6〜10日はおもに有機物が微生物によって分解され、溶存酸素が消費されます。その後はアンモニアが酸化され亜硝酸、硝酸に変化します。**水中のアンモニア化合物が微生物によって亜硝酸塩および硝酸塩に酸化される際にも、酸素消費量が増加**します。

前述のとおり硝化による酸素消費量をN-BODといい、有機汚濁指標となるC-BODと区別されることがあります。有機廃水の水処理現場では、生物

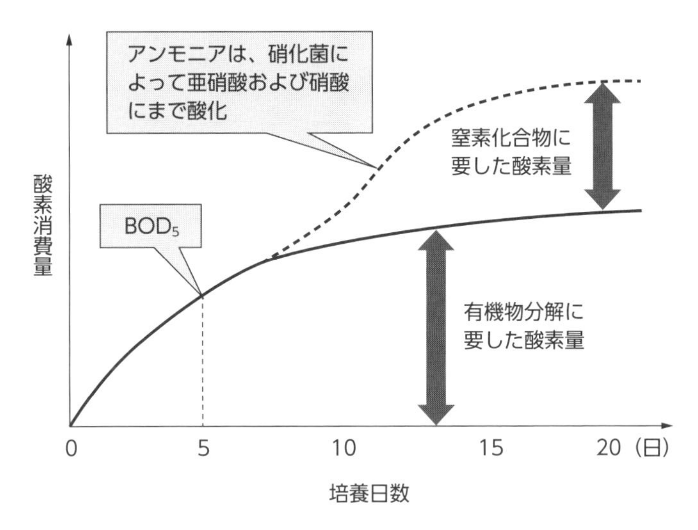

図6.3　溶存酸素消費とBODのイメージ

化学的処理を行ったあとで、実際に硝化細菌が繁殖することもあり、この場合、窒素化合物の酸化分解の際にDOが消費されます。なお、国内の排水基準に関するBOD試験では、硝化細菌による酸化分解分も含めてBOD値とします。

余談ですが、ケルダール窒素［(有機態窒素＋アンモニア態窒素）の総量＝TKN（Total Kjeldahl Nitrogen)］から究極的なBODが算出できるという理論があり、下段が下水の計算例です。一見するとBOD_5は比較的狭い範囲です。

Total BOD＝C-BOD（$1.5\times BOD_5$)＋N-BOD（$4.6\times$TKN)

Total BOD＝$1.5\times200+4.6\times40=300+184=484$ mg/L

▶ **水濁法による測定義務**

水濁法14条には、特定施設を設置している事業者による排出水の汚染状態の測定などが規定されており、対象事業者は排出水の自主測定および構造基準の遵守状況を定期点検する必要があります。

次の2点は水濁法施行規則の条文抜粋です。①測定の試料は測定しようとする排出水又は特定地下浸透水の**汚染状態が最も悪いと推定される時期及び時刻に採取**のこと、②**測定結果は法定の水質測定記録表に記録し3年間保存**すること。この様に、届出した排水系統ごとの測定・記録・保存義務は極めて重要です。

工場・事業場（特定事業場）から公共用水域（河川、湖沼、海域およびこれらに接続する道路側溝等を含む）へ排出する場合、**排水口から排出水を採水し測定する義務**があります。とくに、**排出水の汚染状態の自主測定については、測定頻度（条例で測定回数など上乗せ規定、規則9条）や測定項目が明確化され、測定結果の記録保存違反に対しては、30万円以下の罰金**になります。測定結果の**未記録、虚偽の記録に対しても罰則**が科されるので注意が必要です。環境保全協定などによる測定と報告も、法令同様に順守する必要があります。

自社で測定する場合は、記録の保存対象として水質測定記録表に加え、測定に伴い作成したチャートなど（計量証明書を含む）も、3年間保存する法的義務があります。外部機関に委託した場合は、水質測定記録表と計量証明書を保存します。

MEMO ▶ BOD測定の短所と環境基準

イギリスでは産業革命後の河川汚濁がとても深刻な状況にあり、海に流入するまでの5日以内に河川の有機汚濁がどの程度分解するか、BOD測定をする必要性がありました。しかし、BODには次のような欠点があります。

①結果が出るまで5日間必要であり、代替できる簡易測定法がない

②プラスチック類や環境ホルモン、農薬など非生分解性物質は測定できない

③微生物を脅かす有害物、酸・アルカリなどが混入すると正確に測定できない

BODは、水質環境基準のうち生活環境項目の１つとなっています。河川（公共用水域）について、水域や水利用ごとにその類型に対応した環境基準が設定されています。海域や湖沼では植物プランクトンなどが存在するため、BODでなく化学的酸素要求量（COD）の環境基準が設定されています。

- 20℃で5日間、暗所で培養した際の溶存酸素DOの消費量がBOD
- 窒素化合物は硝化細菌によって分解されDOを消費
- 届出した排水系統ごとの自主的な測定の記録・保存の法的義務

6.6 CODと水質測定義務

生物化学的酸素要求量（BOD）と化学的酸素要求量（COD）の違いがわかりません。そう聞かれたら、どのように説明するのが適切でしょうか。

▶ 有機汚濁の指標BODとCOD

日本国内の環境基準や排水基準に関して、生物化学的酸素要求量（BOD）は河川に、また化学的酸素要求量（COD）は海域と湖沼に限って適用されます。両者とも有機汚濁の程度を示す指標です。BODは微生物によって試料中の有機物を分解するときに必要な酸素消費量を表した値であり、CODは有機物を酸化剤で化学的に酸化するときに必要な酸素消費量を表した値です。

排水のBODとCODの許容限度は、160mg/L（日平均120mg/L）ですが、業種や水域、水利用などに応じた条例の上乗せ規制で40や20、10mg/Lなども一般的です。既存施設には基準が緩く、排水量が多くなると厳しくなる傾向があります。

ここではおもに、CODについて基本的事項を解説します。最後に安価で利便性の高いCODの簡易テスト法にも触れます。

▶ 短時間で結果がでるCOD

排水中の有機汚濁物質が公共用水域に排出されると、微生物によって有機物が分解され、同時に水中の溶存酸素が消費されます。結果、溶存酸素が減少して嫌気状態になって水質が悪化します。

BODは微生物による有機物分解の際に消費される酸素量なので、産業廃水に含有する有害物により微生物活動が影響を受けてBOD測定が困難になることもあります。一方、CODは有機物をほぼ完全に酸化でき精度に優れ、汚濁状況を短時間で定量化できます。CODの一般的な用途は、海域や湖沼などの水質調査や工場排水に含まれる有機汚濁の定量化などです。

▶日本の検定で利用する酸化剤は弱い

マレーシア環境省の職員を延べ4週間にわたり研修していたときに、COD値がクロスチェックされ、「先生のやり方は測定値がおかしい」と指摘を受けたことがあります。欧米や東南アジア諸国の公定法では、酸化力の強い二クロム酸カリウム法（COD_{Cr}）が主流です。使用する酸化剤の違いによって測定結果に大きな相違が生じます。

様々な試料分析で有機化合物の酸化反応に関して、BODの測定値の方がCODの測定結果よりも大きくなる例外ケースが多く確認されました。これは、酸化剤の過マンガン酸カリウムが試料中のすべての有機物を完全に酸化することができないことを意味します。つまり、酸化力の強い二クロム酸カリウムと比較して、**過マンガン酸カリウムはCODを測定するための酸化力が弱い**ことが明らかになりました。そこで、海外では、酸化力が強くほとんどすべての有機化合物をほぼ完全に酸化でき再現性も高い二クロム酸カリウムをCOD測定の酸化剤に使用するようになったのです。

一方で、有害物質であるクロムの廃棄問題や過去の測定データとの整合性などの理由で過マンガン酸カリウム法（COD_{Mn}）が現在も引き続き日本で使用されています。なお、分析自体は日本でもJIS K 0102（工場排水試験方法）の改正により有害物質クロムの使用量を大きく減らし前処理操作も簡易化された手法が採用されています*[1]。

▶CODはなに？

短時間で測定できるCODは、行政機関や市民団体が監視する工場排水に関する環境項目の1つとして重視されています。工場周辺などで行政や市民団体などがCODの簡易分析をすることもよくあります。そのため、企業の環境担当は河川であってもCODを簡易分析して監視する必要があるかもしれません（法令や条例に規定する河川の水質測定はBOD指標）。

少し前に「CODは何ですか?」という問いに対するわかりやすい回答が、米国で公開されていました。複数の回答の中から、水質浄化、スラッジ脱水、塩素化／脱塩素化、リン除去などを得意とする米国コンサルの回答を要約すると、おおむね次のような内容でした。

米国コンサルは「COD値は排水に含有されるすべての可溶性および不溶性有機化合物を酸化するのに必要な酸素量であり、水1L当たりのmgで表示する。**COD値が高いということは汚濁レベル（酸化できる有機汚濁量）が高く、水中の溶存酸素DOの量が少ない**ことを意味する。有機汚濁によるDOの減少は、水生生物を死滅させる可能性もある」とコメントしていました。

続いて、「河川水に対してもCOD測定は可能か？」という疑問に対して、コンサルの答えは、当然「YES」でした。米国では、河川や湖沼など地表水の水質測定にCOD_{Cr}が広く利用されています。COD_{Cr}は測定結果が出るまで2時間以内と短いため、最低5日間かかるBODテスト値の代替としてよく使用されています。米国企業は、BOD測定と並行して標準COD_{Cr}テストも頻繁に実施します。排水の組成や性状、妨害物質などパラメーターがあらかじめ判明している場合は、BODとCODの相関を調べて、BOD値をある程度推定することもできます。季節変化なども加味した一定期間のBOD/COD双方の分析が必要になりますが、日常的な廃水ではBOD：COD比が一定の範囲内になるようです。ある米国企業の分析レポートでは、COD＝2.5×BOD値といった経験則もありました。

この企業ではクロスチェックをした上で、定常時のBOD数値を2.5倍にするとCODの値になり、逆にCODの測定値からもBODの値がある程度推定できます。実際に、CODテストを使用して特定のBOD範囲を想定できるため、米国の多くの企業および地方自治体などでは、CODおよびBODの並行テストが有益と評価されています。**図6.4**はBODとCODの国内における比較です。COD測定は比較的安価ですぐに結果が出るので、5日間も要するBODより便利です。還元性有機化合物をほぼ完全に酸化できます。生分解性有機物を対象とするBODと酸化剤で強制的に酸化させるCODでは、後者の方が一般的に値は大きくなります。公定法による実験でも検体の多くはBOD／CODが1未満の領域に分布し、CODよりBODの値がかなり低くなる傾向が確認できます（図6.4）。BODが規制対象となる排水についてもCODを測定し、その値からBODをある程度予測することは検討に値すると考えられます。

▶ COD除去の物理化学的方法と生物処理

米国で入門者向け参考書を読んだことがあります。そこには、COD値の高い廃水を浄化するためのもっとも一般的な手法は次の2通りの方法があると記載されていました。①廃水分離（凝集・沈殿）および、②微生物による

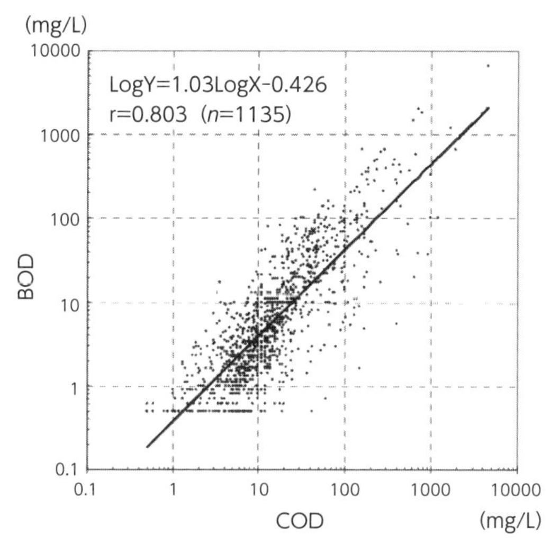

（出典：Ann.Rep.Kagoshima Pref.Inst.for E.R.and P.H.Vol.12（2011）、鹿児島県）

図6.4　CODとBODの関係性

分解除去です。汚濁物の分離技術は、凝集沈殿で懸濁したコロイド状物質を除去します。

凝集沈殿では、塩化第二鉄やミョウバンなど無害無毒の凝集剤を廃水に添加して、懸濁粒子を集めて比較的大きな塊を形成します。ポリマー凝集剤を使用すれば、架橋作用により大きなフロックを形成できます。凝集粒子の粒径が2倍、3倍になれば理論上4倍、9倍の速度で粒子は浮上・沈殿します。

COD除去のもう1つの手法は、生物処理です。廃水中の有機物を分解するバクテリア（微生物）を利用します。下水処理の微生物には、好気性と嫌気性の2種類が存在します。COD除去では、排水中に存在する有機化合物を溶存酸素の存在下でCO_2と水に分解する好気微生物を利用します。

一方、嫌気性COD除去では、前処理した廃水中の有機化合物を無酸素状態で微生物によってバイオガスに変換します。処理プロセスから生成されるバイオガスのメタンは、電力、加熱熱源、乾燥の代替エネルギー源として利用できるため、有益です。

排水に、塩素、過酸化水素、およびオゾンなど酸化剤が含まれるとCOD値は下がることがあります。ちなみに、日本でも話題になった1,4－ジオキサンの汚染に関しても、強力な酸化作用を持つオゾン酸化法や促進酸化、フェントン酸化などの酸化分解によって高い除去率が記録されています。促進酸化とは、過酸化水素、紫外線などとオゾンを組み合せて強い酸化力を持つ活性ラジカルを発生させる方法です。フェントン酸化とは、過酸化水素と鉄イオンの反応で強い酸化力を持つ活性ラジカルを利用する方法で、フェントン法は水処理だけでなく土壌汚染の浄化にも応用されています。

▶ 妨害物質と測定の誤り

本題に戻ります。微生物によるBOD測定とは異なり、CODは有機物だけでなくサンプル中のほぼすべての還元性物質を測定対象にします。従って、CODの測定を妨げる酸化可能な無機物質がサンプル水に含まれているケースもあります。そこで、例えば塩素イオンによる妨害作用がある場合、日本の測定法では、硫酸銀であらかじめ塩素を固定化（AgCl）してからCODを測定します。

米国では、サンプルに硫酸第二水銀を添加して、塩化物の干渉作用を排除します。さらに、亜硝酸塩（Sulfamic acidで除去）、鉄、硫化物の存在にも注意します。COD測定を妨害する無機物として、試料中の２価の鉄やマンガン、亜硝酸塩、硫化物などが日本のテキストにも記載されています。

複数物質が混合した有機排水の場合、BODは同じサンプルのCOD値よりも測定結果は一般的に低くなります。その理由はBODが微生物による生分解性のものだけを測定するからです。標準的な５日間のインキュベーション（培養）を必要とするBOD測定とは異なり、標準的なCOD測定法は、通常２時間以内に結果が出て、BODより高めの測定値となります。

BOD測定では、サンプルがどのように採取、保管され、どのような前処理・調整がなされるかによって、測定結果に誤差が生じます。BODやCOD測定のサンプルは変質を避けるため、通常0～10℃の暗所で保管しなければなりません。

CODとの比較の意味で、BOD測定の特徴を少し付記します。BOD測定はイギリスで開発され、米国で技術が発展したと聞きます。その米国において、測定ラボがBODテストを実行するといっても、まったく同じ方法で実施するわけではありません。米国の一部の分析室ではバクテリア（微生物）の植種をしません。十分な培養をしないこともあるので、採取したサンプルにバクテリアがほとんど存在しないこともあります。微生物が皆無である場合、BOD測定はできません。さらに、有毒である重金属イオン、シアン化物、農薬類、および強酸・強アルカリ、その他の有害物質を含む産業廃水では微生物が死滅してBOD測定ができません。

▶ 湖沼などの植物プランクトン

サンプル水に植物プランクトンや藻類などが存在すると、5日間の培養で誤ったBOD値が提示される可能性もあります。つまり測定値が実際と異なる結果になります。湖沼や内湾などの閉鎖性水域では、水の滞留時間が長いこと、表層の一定水深までは太陽光が十分に届くことから、窒素やリンなど栄養塩類の存在によって、植物プランクトンなどが増殖します。その結果、光合成作用で培養容器中の溶存酸素が増加してしまいます。こういった理由から日本では、湖沼や内湾などの環境基準にはBODでなくCOD基準が採用されています。

▶ より多くの物質を酸化させるCOD測定

前述のとおり「CODはBODにある程度匹敵するため、米国では工場排水の管理にかなり利用されている」と聞きます。要は、BOD測定とは異なり、化学的に酸化可能な汚濁物質を短時間で測定できるということです。日本と異なり、強い酸化剤を使用する米国のCODテストでは、化学反応で完全に酸化できない芳香族化合物（ベンゼン、トルエン、フェノールなど）を除く、ほぼすべての有機炭素を測定することができます。一方、CODは化学的にキレート化もしくは熱酸化される反応であるため、硫化物、亜硫酸塩、第一鉄も酸化剤で酸化され、COD値の一部として測定値が過大に報告される可能性もあります。

排水中の有機汚濁物質は複雑であり、個々の物質を細かく分離して特定することが技術的かつ経済的にも非常に困難です。そこで、BOD、COD、さらに全有機炭素（TOC）が水質調査項目として国際的に利用されています（**表6.3**）。CODの簡易調査法としてパックテストが工場排水に広く利用されています（**図6.5**）。

＊1　二クロム酸カリウムを用いた酸素消費量の定量には、滴定法または蓋付き試験管を用いた吸光光度法を適用する（JIS K 0102：2016）。

表6.3　BOD、COD、TOCの比較

項目	欧米での特徴	対象とする有機物＆精度
BOD （微生物分解）	5日、7日間など多様な測定法あり。測定に最低5日間要する伝統的手法。	生分解性の有機物のみ測定
COD （酸化剤）	酸化剤は東南アジア含め、酸化力の強い「二クロム酸カリウム」が一般的。日本国内は「過マンガン酸カリウム」が主流。	酸化剤で酸化される有機物 ただし、妨害物質あり
TOC （全有機炭素）	主に燃焼酸化-赤外線式TOC分析法。海外では、測定義務ありのケースがある。	有機汚濁のより正確な指標

注：日本の公定法や詳しい内容は管轄の行政機関や分析機関などに照会のこと

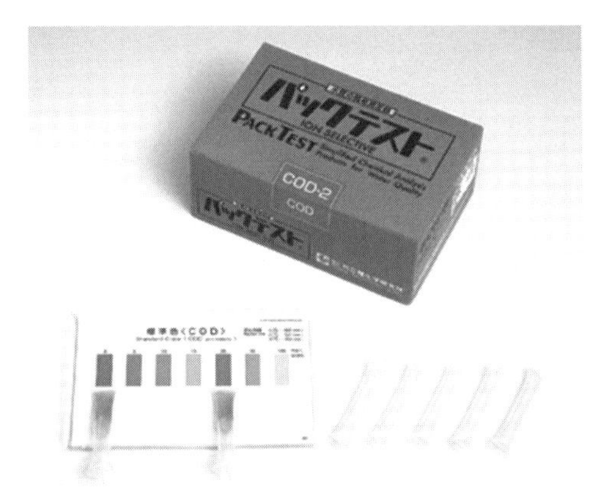

（出典：株式会社共立理化学研究所）

図6.5　パックテスト

- ◆ 海外は酸化力の強いCOD測定法なのでCOD_{Mn}より値が大きい
- ◆ CODは試料中の有機化合物を酸化するのに必要な酸素量
- ◆ 河川水は測定結果がすぐ出るCOD測定である程度水質監視が可能
- ◆ COD_{Cr}はほぼすべての還元性物質を測定し精度が高い

6.7 立入検査における基礎知識

監督する立場の行政機関が工場や事業所の法令順守を確認するためには、報告徴収と立入検査が利用されます。環境法令は一定範囲の者に対し報告を要請する権限と立入検査を実施する権利を与えています。報告徴収と立入検査は、通常、命令でなく行政指導といった形式で実施されることが多いようです。報告の指示を受けた事業者側は、対応する報告書や資料を作成し、関係する環境測定データも提出します。

▶ 立入検査

廃棄物処理法の許可施設を例にして具体的に説明します。検査対象は、以前に**行政処分を受けた事業場、過去の立入検査において改善事項が多い事業場等、とくに周辺住民から苦情が寄せられている事業場が優先して検査**されるようです。

身分証明書を提示した担当官は、立入検査票に沿って産業廃棄物処理基準その他の法令上の義務などについての遵守事項を検査します。許可書や届出内容との実態照合も必要に応じて実施します。ほとんどの場合、検査中や終了後に口頭での行政指導が行われますが、重要なものは書面で提供されます。

重点的指導事項としては、産業廃棄物の分別の徹底や減量化の推進、委託契約書関係、マニフェスト管理、処理能力を超過した受入是正および保管基準の遵守、最終処分場からの浸出液（公共用水域の汚濁防止）等処理施設の維持管理基準の遵守などが想定されます。疑義があれば再度の立入検査が実施されます。

立入検査の目的を達成するために必要な限度で写真撮影を行うことも許されます。写真は保存されて記録となります。また、必要に応じて、事業場などにおいて扱う産業廃棄物サンプル、事業場などからの排出ガス、放流水または周辺の地下水採取、それらの分析を行うこともあります。さらに、ボー

立入検査票（排出事業者用）

検査日　　　　年　　月　　日　　　　立入検査者

事業者名		立会人（職名・氏名）	
所在地			
産業廃棄物の排出状況（種類、性状、排出量）			

	検査項目	評価	備考
保管	保管場所の状況（囲い、掲示板等）	適・否	
保管	産業廃棄物の飛散、流出、地下浸透等防止措置	適・否	
保管	保管状況（保管量、高さ）	適・否	
保管	石綿含有産業廃棄物、特別管理産業廃棄物に対する必要な措置	適・否	
処理の委	委託先の要件（業許可の有無、処理能力等）	適・否	
処理の委	契約の方法		
処理の委	収集運搬に係る契約と処分に係る契約の分離	適・否	
処理の委	書面による契約（作成の有無、許可証の添付）	適・否	
処理の委	特別管理産業廃棄物の処理を委託する場合の通知	適・否	
処理の委	契約の内容（法定事項の記載）		
処理の委	産業廃棄物の種類及び数量	適・否	
処理の委	運搬の最終目的地の所在地	適・否	
処理の委	処分又は再生の場所の所在地、方法、施設の処理能力	適・否	
処理の委	最終処分の場所の所在地、方法、施設の処理能力	適・否	

（出典：環境省）

図6.6　立入検査票の例

リング調査や掘削調査、サンプル採水などを実施することもあります。

また、関係資料やデータの閲覧、そして「帳簿書類」には、貸借対照表、損益計算書、株主資本等変動計算書、個別注記表、不要物の有価取引の真偽や事業支配の該当性を判断するための預金通帳、入出金伝票その他会計書類も検査対象に含まれることがあります。検査項目は公開されています（**図6.6**）。大防法や水濁法などの立入検査票を利用して内部監査することも有益です。

▶ 検査妨害など

改善命令や許可取消などの行政処分をするには基準超過など、違反事実の認定が必要になります。事実認定のため、法に基づく報告徴収・立入検査、または関係行政機関への照会などを活用して事実関係を把握します。

事業者側の**検査拒否、妨害および忌避には罰則の適用**があり、虚偽の資料提出やデータを隠すような行為は検査妨害に該当するおそれもあります。行政通知にある「立入検査を行う際には、相手方に対し、立入検査拒否、妨害又は忌避に対しては刑罰が科され得ることを明示すること」に関して、筆者は実際に「知らないふりをすると検査妨害や忌避行為として、30万円以下の罰金対象になる」と検査で担当官から説明を受けた経験があります。一般的に法人でなく検査対応する個人に罰金が科されます。

▶ 行政処分と罰金

立入検査で違反を発見した場合、通常は行政指導や勧告といった手段をとります。違反状態を是正しない場合は改善命令や措置命令などの行政処分をします。改善しないと、許可取消処分や業務の停止処分になります。罰則規制に基づき多くは罰金などが科せられます。会社ぐるみの違反では両罰規定で会社も罰金刑になることもあります。

▶ 公務員の告発義務と警察の捜査

公務員には告発義務があります（刑事訴訟法239条２項)。令和２年の国会にて衆議院議員辻元清美氏の「公務員の告発義務」に関する質問に対し、同年６月26日に内閣総理大臣安倍晋三氏が答弁書を提出しています。

刑事訴訟法は、「官吏又は公吏は、その職務を行うことにより犯罪があると思料するときは、告発をしなければならない」と定めているので、原則として公務員には告発義務が課せられていると解される、と答弁しています。

さらに一般論として、国家公務員法の適用を受ける国家公務員が、正当な理由なく刑事訴訟法239条２項の規定（犯罪があると思料するときは告発する義務）に違反した場合において、国家公務員法に規定する懲戒処分（免職、停職、減給または戒告）の対象となり得る、と答えています。

通報を受けた警察は管轄行政の情報を基に、内偵または任意捜査をします。必要があれば裁判所の令状を入手して強制捜査をします。

- ◆ 行政機関が法令遵守をチェックするために報告徴収と立入検査を実施
- ◆ 立入検査票に沿って産廃処理基準その他の法令遵守を検査
- ◆ 検査拒否、妨害および忌避には罰則が適用

知っておくべき環境用語集

7.1 環境経営および共通用語

昨今の燃料や資源の高騰や異常気象の増加には様々な環境要素が絡んでいます。SDGsやESGへの対応、GXやDXの対応、脱炭素社会やサーキュラーエコノミーへの対応、TCFD/SBT/RE100など経営をとりまく環境も大きく変化し、勘と経験による経営では荒波を乗り切れません。過去30年にわたる国内製造業の低迷を脱却する必要もあります。そこで、すくなくとも現時点で確認すべき環境キーワードを集めてみました。WEB検索結果と大きくずれないように留意しつつ現場目線で用語解説を作成してみました。

▶ **グリーンウォッシュ**　環境配慮や環境保全をしているように装いごまかすこと。科学的根拠がないのに「エコ」、「環境にやさしい」などとPRし、法令に違反して環境破壊をしているのに「環境に配慮する会社」などとごまかす行為。見せかけでSDGs貢献のふりをしている「SDGsウォッシュ」もあります。

▶ **環境SDGs**　目標のうち、6安全な水、13気候変動、14海、15陸の豊かさ。自然の恵みなどの持続性がなくなると人が生存できず社会や経済が崩壊します。

▶ **環境管理**　大気、水質、化学物質、廃棄物の管理を中心に、温室効果ガスやエネルギー消費の管理、土壌地下水汚染の管理なども含まれます。昨今では地球環境問題や生物多様性、さらにESGやSDGsなど広い概念も関係しています。

▶ **DX**　デジタルトランスフォーメーションの略。企業が、ビッグデータやクラウドなどのデータとデジタル技術を活用して業務プロセスを改善すること。製品やサービス、ビジネスモデルを変革し、組織、企業文化、風土をも改革し、競争上の優位性を確立すること。脱炭素に向けDXは不可欠なものといえます。

▶**包摂**　誰ひとり取り残さない、誰も排除しないこと。包摂性はSDGsの原則で、SDGs目標の4教育や8働きがい含め、9、11、16で使われています。

▶**バリューチェーン**　付加価値（バリュー）の連鎖（チェーン）。サプライチェーン（原材料や製品の流れ）とほぼ同じように使用されています。バリューチェーンは、どこで誰がどのようなコストで付加価値を創造しているかに注目。機能で細かく分類し、どの段階、どの機能で付加価値が生み出されているか、また、どの部分に強み・弱みがあるかを分析し、事業戦略を策定します。付加価値とは、生産過程で付け加えられた新たな価値、売上高から原材料費など変動費を差し引いたもの。

▶**サプライチェーン**　製品の原材料調達から、部品製造、組立て、完成品が生産されてから最終消費者に届くまでの調達・生産・物流・販売・消費までの全プロセス。SDGsでの使用例；SDGsターゲット12.3「2030年までに小売・消費レベルにおける世界全体の一人当たりの食料の廃棄を半減させ、収穫後損失などの生産・サプライチェーンにおける食品ロスを減少させる」。

▶**エコデザイン**　製品のライフサイクル全般にわたって、環境への影響を考慮した設計のことをエコデザインといいます。DfE（Design for Environment）や環境配慮設計・環境設計などと呼ばれることもあります。エコデザインは製品の包装や物流の見直し、リサイクル可能な材料など広範囲に及びます。

▶**ライフサイクルアセスメント**　製品を評価する際に、原料採取から原材料製造、部品製造、最終製品組立て、流通、販売、使用、さらに廃棄段階までの全生涯に及ぶ環境への影響をすべて算出し、総合的な環境負荷を評価する手法。

▶ **RE100**　事業で使う電力を100％再生可能エネルギーで賄うことを目指す、世界的な枠組み（企業連合）。参画企業は、2050年までの目標年に向けて、すべての電力を再生可能エネルギーに変えること、進捗状況と実績を毎年報告することなどが求められます。年次報告（2022）によると新規メンバーの約2/3がアジア地域です。Appleは脱炭素社会への移行を支援するため、アジアなど世界のサプライチェーンと連携してRE100を加速しています。2022年4月時点で、Appleの主要な製造パートナーのうち25カ国213社が、Apple製品の製造をすべて再生可能電力で調達することを約束。Appleは、サプライチェーン全体でカーボンニュートラルを2030年まで達成する予定です。

▶ **レジリエンス**　強靭性や復元力。自然災害や気候変動に際し、社会や組織が機能を速やかに回復する強靭さをいいます。SDGsでは、対応力や適応力、危機管理能力などの意味もあります。SDGsのゴール9、11で2回使われ、レジリエンスまたはレジリエントはSDGsのターゲットで8回使われています。一方、自然生態系では生態系システムのかく乱から回復する能力や絶滅リスクを防ぐ力などの意味で使用されます。

▶ **持続可能な開発**　環境と開発に関する世界委員会の報告書「Our Common Future（1987）」の中心的な考え方で、「将来の世代の欲求を満たしつつ、現在の世代の欲求も満足させるような開発」のことを指します。「開発」には、発展・成長・展開など広い意味があります。

▶ **両罰規定**　違反行為の当事者だけでなく法人もあわせて処罰する規定。法人には責任者選任や指揮命令・監督などの責任があります。環境法令の罰則に懲役や禁固刑がありますが、法人は物理的に拘束できないので罰金刑になります。

▶ **自然資本**　自然資本は、森林、土壌、水、大気、生物資源など、自然によって形成される資本のこと。自然資本が提供するプラスのフローを生態系サービスとして認識することができます。自然資本の価値を適切に評価し、サステナブルに管理していくことが企業経営の持続可能性を高めると考えられます。

▶ **プライム市場**　東京証券取引所で最上位に位置づけられたのがプライム市場（22年4月発足）。ここに上場する企業は、「TCFDや同等の情報開示」を求められ、有価証券報告書に気候リスクなどを情報開示する企業が増えています。2021年10月からは温室効果ガス排出量・移行リスク・物理的リスク・気候関連の機会などの指標と目標の開示が推奨されています。

▶ **TCFD**　気候関連財務情報開示タスクフォースで、G20の要請を受けた金融安定理事会FSBによって設置されました。気候変動のリスクについて、どのように特定、評価し、またそれを低減しようとしているかなどを企業が開示することを推奨。とくに、複数の気候変動シナリオによる業績影響（リスクと機会）、経営方針への反映や財務への影響などの開示を企業に求めています。内外の主要金融機関もTCFDに賛同して、取引先の気候変動による影響や脱炭素社会への移行リスクを注目するようになりました。

▶ **CDP**　環境経営を支援する2000年発足の英国非政府組織（NGO）。企業の脱炭素・温暖化対策、水や森林などの情報を、投資家や関係機関などに提供しています。国際的な情報開示システムを運営し、ESG投資を支援しています。

▶ **CSR**　企業の社会的責任。社会的責任のISO規格もあります。

▶ **CSV**　共有価値の創造。社会問題の解決と経済価値の創造への取り組み。

▶ **ESG投資**　投資に際して、環境、社会、企業統治の視点から評価する考え方。環境では二酸化炭素排出量や再生可能エネルギーの取り組みなどを評価します。

▶ **GRI**　Global Reporting Initiativeは環境などサステナビリティに関する国際基準（説明責任メカニズム）の策定を使命とするUNEP（国連環境計画）公認の非営利団体。環境、社会、経済、およびガバナンスの課題を含む非財務情報開示などに関するガイドラインを日本語版含め提供しています。主要企業のサステナビリティレポートはGRIガイドラインを利用しています。

▶ **統合報告書**　売上や利益などの財務情報と非財務情報（企業理念、環境や社会への配慮、特許など知的財産、ブランド、ガバナンス、CSRやSDGsなどの取り組み）をまとめた報告書のことです。投資家などが持続可能性などを評価します。なお、既存のCSR報告書やサステナビリティ報告書には財務情報がないため読者が限られていたとの指摘もあります。

▶ **SRI**　社会的責任投資。単なる利益目的でなく環境や社会問題などにも配慮したサステナブル経営をしている企業に積極投資すること。

▶ **エンゲージメント**　働きかけの意味ですが、対話を指し、機関投資家が投資先との対話を通じて環境、社会、企業統治の改善などを働きかけをすること。

▶ **環境債務**　土壌汚染やアスベストなど（費用を資産除去債務に計上）。

▶ **グリーン水素**　再エネによって製造された水素。

▶ **グリーンボンド**　企業や自治体などが温暖化など環境問題の解決につながる事業に資金を調達するために発行する債券。

▶ **ダイベストメント**　投資（インベスト）の逆で、株や債券、融資など金融資産を手放すこと。脱炭素やSDGsの目標と逆行する事業や企業から資金を引き揚げることをダイベストメントといいます。

▶ **座礁資産**　有害性の判明や産業構造の変化などで資産価値が大きく下がった状態。例えば石炭などの関連資産で、二酸化炭素の排出量削減が強化され、エネルギー源として石炭が利用できなくなると資産価値が大きく下落し、財務会計上、資産価値の減損処理をしなければなりません。想定した価値が大きく毀損する資産が座礁資産と呼ばれます。

▶ **ステークホルダー**　Stakeholderは組織をとりまく利害関係者という意味です。企業組織における利害関係者は株主、経営者、従業員、顧客、取引先も含まれ、環境経営では消費者や住民、取引先、金融機関、行政機関、マスコミ、NGOなど幅広い利害関係者と対話、意見交換することが重要とされます。

▶ **フェアトレード**　発展途上国でつくられた農作物や原材料、製品を適正な価格で継続的に取引することにより、生産者や労働者の持続的な生活と自立を支える仕組みのこと。直訳すると公平な貿易です。

▶ **ブラウンフィールド**　土壌汚染の存在またはその可能性があるため、土地が利用できず遊休化した用地を指します。土壌汚染の浄化費用が地価を上回ると売却できず放置されてブラウンフィールド化します。

▶ **マテリアリティ**　環境や社会問題などESGの中で企業が優先して取り組むべき重要課題のことです。もともと会計用語で財務に関する重要課題の意味で、企業と利害関係者の両者にとって大きな影響を及ぼす課題、優先的に取り組むべき事項。自社のマテリアリティを特定して統合報告などで開示することが求められています。例として、環境や社会、経済に与える著しいインパクトやステークホルダーに大きな影響を及ぼす課題などが該当します。

▶ **FSC認証**　持続可能な森林管理のもと作られた製品を認証する制度。

▶ **環境保全協定・公害防止協定**　地方自治体と事業者が公害防止のために必要な措置を取り決めた協定。紳士協定ともいわれましたが、判例により法的効力を持つと認識され、協定違反は法令違反と同様に報道されることが多いようです。

▶ **形質変更**　土地の形状を変更する行為全般のことで、例えば、宅地造成、土地の掘削、土壌の採取、開墾等の行為が該当します。主に土壌汚染対策法の用語。

7.2 温暖化と脱炭素

▶ **2℃目標**　2015年のパリ協定（COP21）で、「2℃目標」が採用され、さらに望ましい温暖化上限を1.5℃としました。気候や環境地質学など専門家の多くは平均気温の2℃という温暖化上限を支持し、「気温上昇によって地球が破局を迎えるリスクは平均気温が2℃より上がることで顕著に増大する」と考えています。一部学者によると「人類が住む地球に関する地質学史上の上限」つまり、文明社会と自然生態系の破滅に結びつかない限度が2℃目標とされます。

▶ **カーボンニュートラル**　二酸化炭素など温室効果ガスの排出量から、植林、森林管理などによる吸収量を差し引いて、収支を実質的にゼロにすること。2020年10月に「我が国は、2050年までに、温室効果ガスの排出を全体としてゼロにする、すなわち2050年カーボンニュートラル、脱炭素社会の実現を目指す」ことを菅総理大臣が宣言しました。

▶ **CCS・CCUS**　「CCS」は、Carbon dioxide Capture and Storageの略で、日本語では「二酸化炭素回収・貯留」技術と呼ばれます。産業活動から排出されるCO_2を回収して地層中などに貯留するのがCCSです。「CCUS」は、Carbon dioxide Capture, Utilization and Storageの略で、分離・回収したCO_2を有効利用する技術がCCUSです。米国では、古い油田にCO_2を圧入することで、油田に残った原油を押し出しつつ、CO_2を地中に貯留するというCCUSが実施されています。CO_2削減と石油の増産につながるビジネスになっています。

▶**SBT**　Science Based Targetsは、パリ協定の「世界の気温上昇を産業革命前より2℃を十分に下回る水準に抑え、また1.5℃に抑えることを目指す」が求める水準と科学的に整合した温室効果ガス排出削減の目標です。具体的には、企業がSBTマニュアルにより削減目標をつくり、認定を受けて公開します。進捗を定期的に開示し、目標の妥当性も確認します。2023年初頭におけるSBTイニシアティブに参加する日本企業は中小企業含め400社を超え、うち350社以上は、スコープ別削減目標を公表しています。

▶**サプライチェーン排出量**　事業者自らの排出だけでなく、事業活動に関係するあらゆる排出を合計した排出量を指します。つまり、原材料調達・製造・物流・販売・廃棄など、一連の流れ全体から発生する温室効果ガス排出量のこと。

　サプライチェーン排出量＝Scope1排出量＋Scope2排出量＋Scope3排出量

▶**SCOPE 1～3**　スコープ1は、事業者自らによる温室効果ガスの直接排出（燃料の燃焼、工業プロセス）。スコープ2は、他社から供給された電気、熱・蒸気の使用に伴う間接排出。そして、スコープ3は、Scope1、Scope2以外の間接排出（事業者の活動に関連する他社の排出）です。

▶**Scope3カテゴリ**　GHGプロトコル（Greenhouse Gas Protocol）の基準では、Scope3を15のカテゴリに分類。例えば、購入した製品・サービス（原材料の調達、包装外部委託、消耗品の調達）、生産設備の増設、エネルギーや電力の上流工程（燃料の採掘、精製等）、輸送や配送（上流)、廃棄物処理、出張など。

▶ **ティッピングポイント**　ある一定の条件を超えると急激な変化が生じる転換点。気候変動に関しては臨界点ともいい、この転換点を過ぎると、気候変動が一気に進むおそれがあるとされます。

▶ **緩和**　緩和策とは温室効果ガスの排出削減対策です。温室効果ガスの排出量削減のため、再エネ・省エネ、植林など、低炭素社会に向けた取り組みをすることで、地球温暖化の進行を抑制する取り組みが緩和策です。

▶ **適応**　気候変動の影響による被害の回避や軽減対策が適応策です。適応は、インフラ整備のように異常気象による大雨、洪水、干ばつ、海面上昇などに対し適切に対応することです。具体例として、海岸や河川の保全施設の機能アップ、災害時の水資源確保、水の再利用。自然地保水や河川の遊水機能の見直し、雨水貯留施設の設置などの対策。ハザードマップによる避難訓練や災害教育も必要です。また農業分野では高温や乾燥に強い農作物の改良などもあげられます。

SDGsのターゲットで適応が言及されているもの

13.1全ての国々において、気候関連災害や自然災害に対する強靱性（レジリエンス）及び適応の能力を強化する。

13.3気候変動の緩和、適応、影響軽減及び早期警戒に関する教育、啓発、人的能力及び制度機能を改善する。

▶ **バイオマス発電**　バイオマスは生物資源の意味で木材などが該当します。これらの生物資源を燃焼させ発電します。光合成によりCO_2を吸収して成長するバイオマス資源を燃料とした発電は「京都議定書」において取扱上、CO_2を排出しないものとされています。

▶ **ヒートポンプ**　ヒートポンプとは少ない投入エネルギーで、大気中などから熱を集めて、大きな熱エネルギーに転換する技術です。気体に圧をかけると熱を持ち、逆に膨張すると冷えます。この原理を利用して、エアコンや冷蔵庫、エコキュートなどにも利用されています。

▶ **温対法**　地球温暖化対策の推進に関する法律でカーボンニュートラルを基本理念とし、地球温暖化の原因である温室効果ガスの排出量に関する報告義務および排出量抑制を事業者に課しています。一方、省エネ法は、石油や天然ガスなど燃料および熱と電気を規制対象にしています。両法律とも再エネ利用と生産性向上で化石燃料の使用削減を期待しています。

7.3 資源循環・化学物質

▶ **拡大生産者責任**　メーカーなどが製品の使用、廃棄後も適正なリサイクルや処分について一定の責任を負うという考え方でEPRと略されます。製造物責任では欠陥の責任が消費段階まで及びますが、汚染者負担原則（OECD）に整合するEPRは、製品ライフサイクルの廃棄段階まで製造したメーカーにも一定の責任があるとしています。環境政策では、自治体がほとんど担ってきた消費財の処理責任を、上流の事業者にまで拡大することによって、廃棄物の抑制や環境配慮設計による再利用容易な製品への転換を図ろうというねらいもあります。日本における一連のリサイクル法もEPRに基づいています。

▶ **ケミカルリサイクル**　廃棄プラスチックを化学的に分解し、再利用するリサイクル方法。具体的には、高分子の廃プラを化学的に分解してモノマーに戻す「原料・モノマー化」、廃プラを油や気体に戻す「油化」や「ガス化」、還元剤として使用する「高炉・コークス炉の原料化」などがあります。マテリアルリサイクルとの比較で品質劣化や異物混入リスクが少ない。

▶ **REACH**　EUの化学物質管理規則です。2007年に発効し、化学物質の総合的な登録、評価、認可、制限の制度です。この規則は、「人の健康と環境の保護」「化学物質のEU域内の自由な流通」「EU化学産業の競争力の維持向上と革新の強化」などの目的があります。リスク情報の提供と登録義務、有害化学物質の使用認可と製造・販売・使用の禁止などが規定されています。

化学物質のリスク評価や安全性の保障責任を産業界に移行し、川下企業にも安全性評価の責任を負わせて、有害化学物質の安全性データの情報はサプライチェーン全体に伝達する義務があります。

▶ **RoHS指令**　RoHS指令とは、電気電子機器に含まれる特定有害物質の使用制限に関する欧州議会および理事会指令で、指令の内容を満たす製品にはCEマークが貼付されます。予防原則に従って、鉛、水銀、カドミウム、六価クロムなどの有害物質が規制されます。廃電気・電子機器のリサイクル推進を目的とするWEEE指令とセットで機能している欧州の規制です。中国でも2007年に同様な法律が導入されRoHS指令と同じ物質が規制され、含有有無の表示などが義務となりました。対象物質が拡大していて、有害物質を含む製品を中国国内で販売できない状況になっています。

▶ **化審法**　人の健康被害または動植物の生息・生育に支障を及ぼすおそれがある化学物質による環境汚染を防止することを目的とした法律。次の三つの部分から構成されています。①新たに製造・輸入される化学物質に対する事前審査制度。②上市後（市場に出した後）の化学物質の継続的な管理措置、製造・輸入数量の把握（事後届出）、有害性情報の報告等に基づくリスク評価。③化学物質の性状等（分解性、蓄積性、毒性、環境中での残留状況）に応じた規制及び措置、性状に応じて「第一種特定化学物質」等に指定。製造・輸入数量の把握、有害性調査指示、製造・輸入許可、使用制限などが規定されています。

▶ **SDS**　安全データシートSafety Data Sheet。化学物質の物理化学的性質や危険性・有害性および取り扱いに関する情報の文書。化学物質を譲渡または提供する際に利用します。事故時の応急措置、保管方法、廃棄方法なども記載があります。

【参考文献】

1.1
- 「サステナビリティ情報」OLCグループ2022
- 「東京ディズニーリゾートの環境管理」月刊環境管理 2013年8月号、産業環境管理協会

1.2
- 「SustainabilityからRegenerationへ」月刊環境管理 2023年3月号
- 「政府、稼働中の全原発3基を2023年4月半ばまで稼働延長と決定」ビジネス短信、JETRO 2022-10-27
- 「欧州脱原子力国の苦悩～ドイツの脱原子力後ろ倒し～」電事連トピックス情報、2022-12-21

1.4
- 「法令順守①工場から着色排水」日刊工業新聞2023年2月1日付け27面

2.1
- 「気候変動や異常気象の犯人は水蒸気」月刊環境管理 2020年2月号
- IPCC第5次評価報告書「政策決定者向け（SPM）要約」2019年
- IPCC「1.5℃特別報告書」2016年
- 「水蒸気の温室効果」国立環境研究所地球環境研究センター気候変動リスク評価研究室 2014

2.2
- 「河川工学」土木教程選書、鹿島出版会、1998年
- 「川と平野の地学・第四紀層」高橋彦治、山海堂、2000年
- 「沖積低地の地形環境学」海津正倫（編者）、古今書院、2012年
- 「河川の基礎知識―事業所の排水システムにも応用できる河川の基礎知識」月刊環境管理 2018年1月号

2.3
- 「購入土地に土壌汚染が判明したとする買主からの浄化費用等の支払請求が瑕疵担保免責特約により棄却された事例（東京地判 平29・5・19）」不動産適正取引推進機構、葉山隆
- 「土壌汚染対策法の仕組みと廃棄物処理法との関係5」柴田稔秋、月刊廃棄物2020年3月号
- 「土壌地下水汚染の本質と最近の裁判事例―土地取引での土壌汚染」月刊環境管理 2020年4月号
- Geology and the Environment 3rd edition 2001 B. W. Pipkin, D. D. Trent, Brooks/Cole
- An Introduction to Physical Geology 3rd edition, 2003 Chernicoff, Stanley et al. Houghton Mifflin College Div.

2.4
- 「地球環境学入門 第2版」山崎友紀、講談社、2019年
- 「日本の生物多様性を脅かす4つの危機」国環研ニュース、2016年度35巻5号

- 「生物多様性」本川達雄、中公新書、2015年
- 「生物多様性とは何か」井田徹治、岩波新書、2010年
- 「生物多様性と現代社会」小島望、農文協、2010年
- 「環境経営に不可欠な生物多様性」月刊環境管理 2023年3月号
- 「生物多様性の基礎知識」月刊環境管理 2020年9月号
- 「次期生物多様性国家戦略素案」、環境省（令和5年1月23日）
  https://www.env.go.jp/council/content/12nature03/000105698.pdf
  https://www.env.go.jp/council/12nature/900432760.pdf

3.1
- 「水質汚濁防止法を例に法令の読み方を学ぶ」月刊環境管理2020年3月号

3.2
- 「環境基本法の解説」環境省総合環境政策局、ぎょうせい、1994年
- 「新・公害防止の技術と法規2022 公害総論」産業環境管理協会
- 「水質汚濁防止法の解説」水質法令研究会、中央法規出版、1984年

3.3
- 「一般廃棄物処分場建設差止等請求訴訟」東京たま広域資源循環組合
  https://www.tama-junkankumiai.com/kouhou/saiban/kakutei/19950220
- 「水質環境基準の概要とポイント―全般的な水質基準と亜鉛など水生生物保全の環境基準について」月刊環境管理2021年3月号

3.4
- 「水質関連法の基礎を学ぶ―水質汚濁防止法、水質環境基準と排水基準、さらに地下水汚染を復習」月刊環境管理2022年5月号

3.5
- 「環境法 第4版」大塚直、有斐閣、2022年
- 「18歳からはじめる環境法 第2版」大塚直編、法律文化社、2018年

3.7
- 「事業者のためのダイオキシン類対策特別措置法のてびき（令和4年4月版）」千葉県環境生活部 大気保全課・水質保全課
  https://www.pref.chiba.lg.jp/taiki/tetsuzuki/dioxin/documents/tebiki.pdf

4.3
- 「新・公害防止の技術と法規」産業環境管理協会、2022年
- 「米国で学んだドイツ汚水処理技術の基本―東京都の下水排除基準に適合させる廃水の処理技術」月刊環境管理2021年7月号

4.4
- "Water Treatment Manual, Ireland Environmental Protection Agency" 2020
- 「新・公害防止の技術と法規」産業環境管理協会、2022年
- 「高度処理の概要を学ぶ―ろ過について海外情報を引用して基礎知識を解説」月刊環境管理2022年7月号

4.5
- 「新・公害防止の技術と法規2020 水質編」産業環境管理協会
- 「生活排水処理技術の現状と課題」桜井敏郎、環境技術Vol.21 No.10 1992、神奈川県環境科学センター
- 「活性汚泥法の基本—生物処理の基礎用語を理解する」月刊環境管理2020年7月号

4.6
- 「公害防止の技術と法規 水質編」産業環境管理協会、2022年
- 「活性炭吸着の基本を学ぶ—ろ過機能も考慮した維持管理や処理前後の水質モニタリングなど」月刊環境管理2022年8月号

4.7
- 「新・公害防止の技術と法規」産業環境管理協会、2022年
- 「汚泥脱水と全国の廃棄物排出状況—含水率99％を98％にすると泥水量は半分に減るか？」月刊環境管理2022年10月号

5.1
- 「EU、バッテリー規則案に政治合意、2024年から順次適用へ」JETROビジネス短信、2022年12月13日
- 「循環経済（サーキュラーエコノミー）はビジネス戦略として捉える必要がある —欧州発ビジネスモデルと日本発ルール形成における留意点について」廣瀬弥生、月刊「環境管理」2022年6月号、産業環境管理協会

5.2〜5.7
- 「第6次評価報告書（AR6）」IPCC、2021-2023年

6.1
- 「廃棄物該当性の判断基準」佐藤泉、月刊環境管理2014年6月号、産業環境管理協会

6.4
- 「BOD/CODやDOの基本を学ぶ— 有機汚濁指標などの環境基準について海外情報も引用して解説」月刊環境管理2022年6月号

6.5
- 「新・公害防止の技術と法規 水質編」産業環境管理協会、2022年
- “BOD test. History and Description, The BOD test”, P.Maier, PhD, 2015
- 「生物化学的酸素要求量（BOD）と排水の測定義務—測定記録を生データ含め保存しないと罰則が適用」月刊環境管理2019年9月号

6.6
- 「事業場排水のCODとBODの関係性について」鹿児島県環境保健センター所報 第12号（2011）
  https://www.pref.kagoshima.jp/ad08/kurashi-kankyo/kankyo/kankyohoken/shoho/documents/22888_20120105120250-1.pdf
- 「化学的酸素要求量CODと全有機炭素TOCの基礎知識」月刊環境管理2019年10月号

索引

た

な

は

ま

や

ら

〈著者紹介〉

大岡 健三（おおおか・けんぞう）

早稲田大学卒業。茨城大学大学院宇宙地球システム科学専攻単位取得満期退学（博士後期課程）。外資企業AIG東京本社環境保険室長　NY, Wall Street勤務経験、商品開発（新種保険部）部長、Specialty Line部長。汚泥処理会社のサラリーマン社長を経て、(一社）産業環境管理協会 出版・研修センター所長、月刊『環境管理』編集長（2014～2022)。早大、茨大の非常勤講師を経て、現在、法政大学、敬愛大学の非常勤講師、環境コンサルタント。

専門：環境地質学、環境科学、環境コンプライアンス

主な著書：『わかりやすい製造物責任の知識 改訂増補版』オーム社

『取説マニュアルのつくり方―訴えられないためのポイントを完全チェック』オーム社

『土壌汚染リスクと不動産評価の実務』共著、プログレス社

ケーススタディで学ぶ
環境管理の基礎知識

NDC519

2023年4月20日　初版1刷発行

定価はカバーに表示されております。

©著　者　大岡健三
発行者　井水治博
発行所　日刊工業新聞社

〒103-8548　東京都中央区日本橋小網町14-1
電話　書籍編集部　03-5644-7490
販売・管理部　03-5644-7410
FAX　03-5644-7400
振替口座　00190-2-186076
URL　https://pub.nikkan.co.jp/
email　info@media.nikkan.co.jp

印刷・製本　新日本印刷

落丁・乱丁本はお取り替えいたします。　2023　Printed in Japan

ISBN 978-4-526-08272-6　C3034